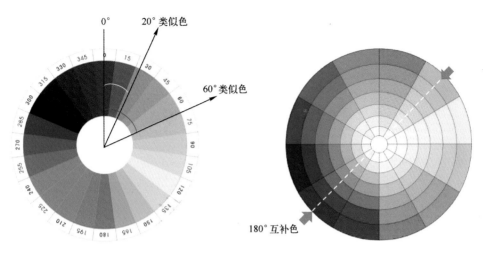

0° 20° 类似色

60° 类似色

180° 互补色

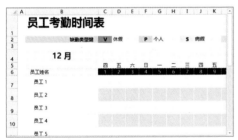

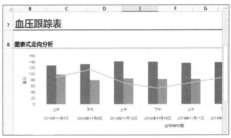

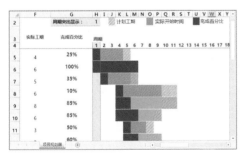

 红绿互补

 紫互补

 蓝橙互补

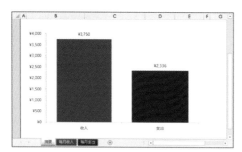

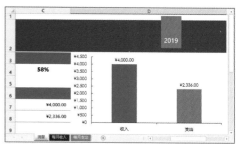

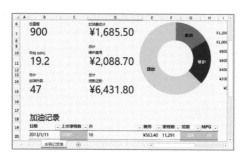

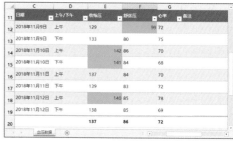

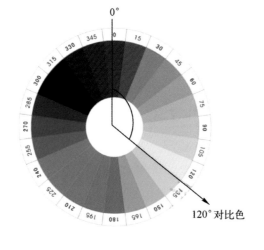

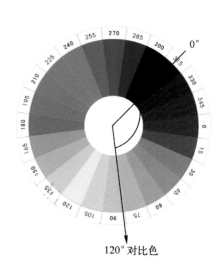

根据在"预算细目"中输入的预算类别金额跟踪购物进度。

预算摘要

预算	¥1,500.00
购物清单总计	¥365.00
剩余现金	**¥1,135.00**

购买进度 (1 共 6)

0% 25% 50% 75% 100%

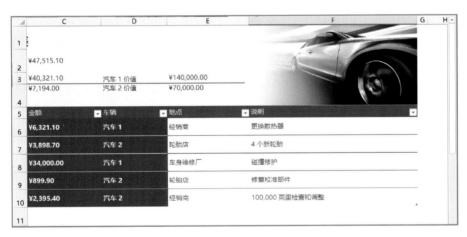

¥47,515.10			
¥40,321.10	汽车 1 价值	¥140,000.00	
¥7,194.00	汽车 2 价值	¥70,000.00	

金额 ▼	车辆 ▼	地点 ▼	说明 ▼
¥6,321.10	汽车 1	经销商	更换散热器
¥3,898.70	汽车 2	轮胎店	4 个新轮胎
¥34,000.00	汽车 1	车身维修厂	碰撞修护
¥899.90	汽车 2	轮胎店	修复校准部件
¥2,395.40	汽车 2	经销商	100,000 英里检查和调整

菜谱：菠菜羊奶乳酪披萨

菠菜羊奶乳酪披萨

原料	说明
3/4 杯温水	在面包机中，按生产商建议的顺序投入能六样原料。
2 茶匙橄榄油或菜籽油	选择揉面程序。搅拌 5 分钟后检查面团；按情况添加 1 至 2 茶匙面粉。
1/2 茶匙盐	
2 杯面包粉	程序结束后，将面团取出放到撒了少许面粉的案面，揉 1 分钟。
2 茶匙活性干酵母	盖上置放 15 分钟。
1 瓣大蒜，切碎	
1/8 茶匙大粒盐	放入 12 寸披萨盘中。盖上盖，在温暖处焙发至面团膨胀，大约 20
1 杯切碎的新鲜菠菜	撒上蒜和大粒盐。在上面摆好菠菜、洋葱、蘑菇、乳酪和罗勒。
1 个小红洋葱	
1 杯切碎的新鲜蘑菇	204摄氏度烤 35-40 分钟，或烤至外皮呈金黄色且乳酪融化。
1 杯羊奶乳酪	等 5 分钟后再进行分切。
1/4 杯切碎的罗勒	

营养报告卡（每份含量）

10 克

| 如何使用菜谱跟踪程序 | 菜谱目录 | 菜别设置 | 菠菜羊奶乳酪披萨 | 空白菜谱 1 | 空白菜谱 2 | 空白菜谱 3 |

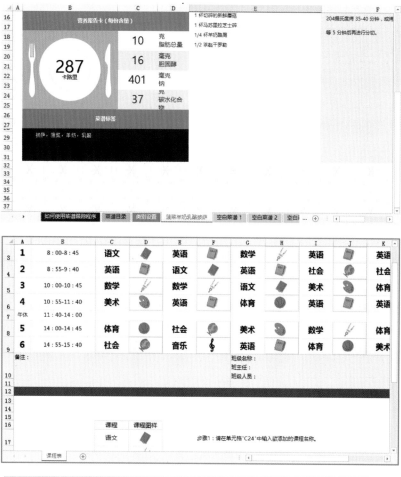

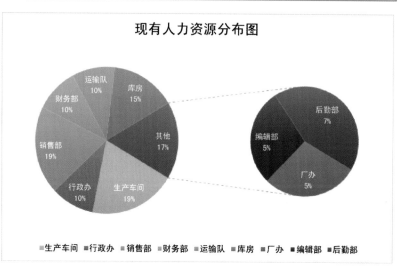

现有人力资源分布图

Excel 达人手册：从表格设计到数据可视化

福甜文化　组编

林科炯　李青燕　吕　瑞　编著

机械工业出版社

本书是一本 Excel 表格制作从入门到精通的自学手册，带领读者设计制作出更规范、专业和美观的表格，同时，让数据计算更准确、管理更到位、分析更有力、报告更完善。让读者的 Excel 综合素养得到直线提升。

　　全书分为 10 章，内容涉及专业表格的制作和设计、数据的处理与编辑、数据的展示与分析、数据分析报告的制作呈现等 Excel 的 5 大特色功能，解决了实际工作中可能遇到的各种问题，形成了一套较为完整和成熟的使用体系与思维模式。不仅为新手快速入门指明了方向，也为熟手的进阶铺平了道路。

　　本书主要面向职场新人以及需要经常设计制作 Excel 表格和数据分析报告的人员。

图书在版编目（CIP）数据

Excel 达人手册：从表格设计到数据可视化 / 福甜文化组编. —北京：机械工业出版社，2019.8

ISBN 978-7-111-63640-3

Ⅰ. ①E… Ⅱ. ①福… Ⅲ. ①表处理软件－手册 Ⅳ. ①TP391.13-62

中国版本图书馆 CIP 数据核字（2019）第 191434 号

机械工业出版社（北京市百万庄大街 22 号　邮政编码 100037）

策划编辑：李晓波　　责任编辑：李晓波　李培培

责任校对：张艳霞　　责任印制：孙　炜

天津翔远印刷有限公司印刷

2019 年 10 月第 1 版·第 1 次印刷

169mm×239mm·15.75 印张·2 附页·301 千字

0001－3000 册

标准书号：ISBN 978-7-111-63640-3

定价：89.00 元

电话服务　　　　　　　　　　　　网络服务

客服电话：010-88361066　　　　　机 工 官 网：www.cmpbook.com

　　　　　010-88379833　　　　　机 工 官 博：weibo.com/cmp1952

　　　　　010-68326294　　　　　金 书 网：www.golden-book.com

封底无防伪标均为盗版　　　　　机工教育服务网：www.cmpedu.com

前　言

首先，感谢读者选择本书！

Excel 是电脑办公中必不可少的一款软件，不仅需要学会使用，还需要精通。把 Excel 玩转、玩活，熟练地运用，才能制作出各类高质量的表格，精确地计算每条数据，强有力地展示、分析数据，完美地呈现数据分析结果。

如何灵活、熟练地运用 Excel？无非两条路：一是靠时间的积累和经验的沉淀（自我修炼），二是靠高手指点（借助外力）。前者意味着苦和累，一路风雨荆棘，需要有强大的内心和耐力。后者更像是拜师学艺，得到前辈/高手的指点，成长之路会更加平坦。

笔者在成长的过程中虽然得到过前辈们的指点，但也尝尽了自我修炼的苦楚，经过 10 年的磨砺，终有心得。

为了不让读者朋友们从零开始，经历那些辛酸和苦楚，笔者将总结的实用经验毫无保留地分享给大家，帮助大家快速有效地解决工作中的实际问题，彻底告别因为经验不足带来的困扰和加班，得到同事、老板和客户的认可和青睐。

为了让读者朋友们更加高效、轻松地掌握 Excel 的精髓，将全书分为 10 章，依次是表格制作的黄金 3 点，表格设计前的 5 项准备，表格数据的限、洗、磨、选，直线提升表格颜值，用好函数杜绝误算、错算，表格、数据都要管，直线提升图表分析数据的力度、巧用一张图表绘尽万千数据、活用分析工具为职业加分和用数据分析报告获取领导和客户的心。

再一次感谢大家选择了本书。如果在 Excel 操作上仍有疑惑，可以扫描下方的二维码，加入到本书的售后 QQ 群中，Excel 老师会随时为大家解答。

编者

目　　录

第 1 章

表格制作的黄金 3 点

本章导读

一份表格看似简单，实际上一点也不简单，里面的学问有很多，讲究也有很多。到底里面有什么规律和门道呢？笔者认为无非 3 个黄金点：表格逻辑、表格规范和分析目的。只要掌握了它们，就能轻松制作出专业、规范和令读表者点头称赞的好表格。

知识要点

- 正确的字段逻辑
- 完好的基础数据表
- 标题不要太冗余
- 隔行/隔列不能随处可见
- 唯一数据必须唯一
- 杜绝字段数据混乱
- 不做过场式保护
- 避免无效分析
- 明确分析目的
- 弄清主要对象

1.1　符合表格逻辑

笔者使用表格 10 年左右，天天和表格打交道，从最初的完全不懂到现在的烂熟于心。若问表格是什么，笔者认为：表格是一种具有逻辑思维的数据处理工具，能让数据按照自己想要的状态呈现。

什么样的表格才能让读表者看着顺畅呢？答案很简单：那就是符合表格逻辑。

1.1.1　正确的字段逻辑

表格是制作给"人"看的，所以，表格字段逻辑必须符合"人"的思维逻辑。而逻辑又来自于早期教育，最简单的元素：时间、地点、人物和做什么。常用的主架构顺序如下所述。

- 📖 时间→地点/类/项→对象（人或物）→做什么。
- 📖 对象（人或物）→时间→地点/类/项→做什么。
- 📖 地点/类/项→时间→对象（人或物）→做什么。

下面是字段逻辑在表格中的实际应用效果。

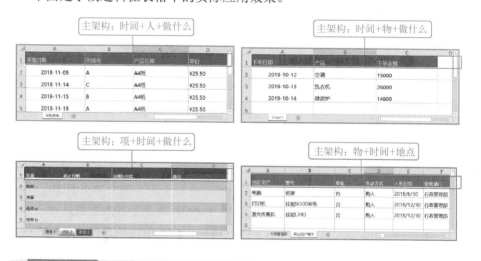

技术支招　属性字段

表格中除了主字段外，其他字段都是属性字段，如"固定资产"是主字段，"型号""单位"和"变动方式"是属性字段。再如"员工"字段是主字段，"性别""年龄""出生日期"以及"学历"等是属性字段。

一张表格可以由主字段和属性字段构成，也可以全是主字段或属性字段。对于特色表格、个性表格或有特殊/固定要求的表格，可以不用遵循字段逻辑。

1.1.2　完好的基础数据表

基础数据表是指没有进行过任何操作的表格，也可称为源数据表、数据明细表或原始数据表等。

在工作中经常可以看到周围的同事打开表格后，直接进行各种操作，特别是数据处理与编辑，将数据进行各种改造，加工成想要的样式，导致原始数据发生了很大的变化。

无论是初学者还是有经验的表格的制作者，笔者都建议保留完好的基础数据表，并将数据的编辑、计算、管理和分析"挪到"新的表格中，保证基础数据表中的原始数据不被任何操作"损坏"，以便于数据的多次利用或对照验证。

保存完好的基础数据表，最简单的方法是：建立副本，也就是复制基础数据表。再在复制出的表格中进行数据的各种操作。

快速创建表格副本的方法：将鼠标指针移到工作表标签上，按住鼠标左键不放，拖动复制，如下图所示。然后更改为合适的名称。

知识加油站　三表原则

最近几年，在 Excel 领域可谓是"百家争鸣""百花齐放"，各类观念和思维被广泛传播。虽然一些观念和思维通常来源于"大神"们的工作经验总结或其他资料，但都不是唯一标准。其中出现较早的一种表格理念是三表原则（第 1 张参数表，第 2 张明细表、第 3 张汇总分析表），如下图所示。制作顺序是：参数表→明细表→汇总分析表。

▼ 参数表：关键字段明细数据   ▼ 明细表：补充完整的数据表

▼ 汇总分析表

按照三表原则，可以将表格的制作和汇总分析脉络理顺，同时，也要求原始明细数据不被破坏，完整保存以备多次利用或对照验证，与本节中完好的基础数据表的观念不谋而合。但三表原则有两个明显的缺陷：一是会增加工作量，对于结构很简单的表格，无须在专门的表格中对关键字段进行整理、列举。二是不适用于流水账式的表格。

用户可根据表格结构决定是否采用三表原则。但最好养成保存完好的基础数据表的习惯。

1.2　遵守表格规范

读表者在打开表格的第一眼会对表格有一个评价：专业或不专业、好表或坏表、能用或不能用等。有时虽说不出具体原因，但评价都是中肯的，因为他们心里有一个明确的衡量标准——表格规范。符合规范的表格通常会让读表者感受到流畅和赏心悦目。

对于众口难调的读表者，怎样才能符合规范，让他们感觉流畅和赏心悦目呢？笔者推荐下面几条处理原则。

1.2.1　标题不要太冗余

一张表格中有 3 个地方需要命名：工作簿、表头和工作表标签。工作簿名称是所有表格的概括；表头是当前表格的主旨；工作表标签是当前工作表的属性或简易说明，以与其他表格形成区分，如下图所示。

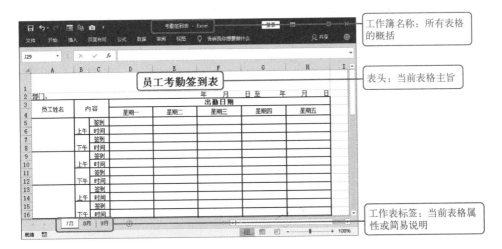

通常情况下，不会出现标题冗余的情况，特别是包含多张表格的工作簿，因为很容易区分命名，大家不会用一张表格的主旨名称作为工作簿名称，更不会将工作表标签名称设置为相似或交叉。

但在单张表格的工作簿中较容易出现标题冗余，即工作簿名称、表头名称和工作表标签名称相同，如下图所示。

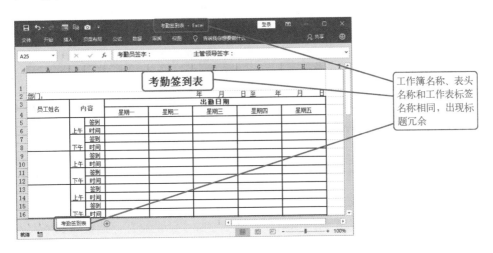

避免标题冗余有两个方法：一是工作簿名称明显大于表头名称，同时，将工作表标签名称更改为原始的模式"Sheet+阿拉伯数字"；二是保持工作簿名称

和工作表标签名称不变，将表头名称删除。效果如下图所示。

除了标题名称数量不冗余外，标题内容也不能冗余，标题内容必须由关键字或概括性强的文字构成。

1.2.2 隔行/隔列不能随处可见

在表格中添加隔行/隔列主要出现在初学者身上。最近公司新来的一位同事，不知道怎么做分类汇总，手动在表格中添加小计汇总行，把整个表格人为隔开，如下图所示，导致数据无法准确分析。

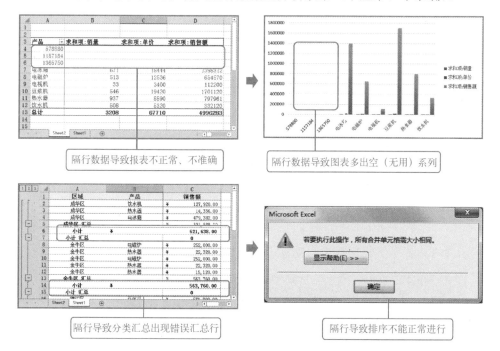

通过下面几张图片可以看到隔行数据的分析效果（不正常、不准确）。

所以，在制作表格时，一定不要在数据中手动添加各种汇总行或小计、总计行。如果表格中已添加了它们，请将其手动删除。在特定单据、表单或报表中可不遵循这条规则，如现金流量表、报销单、资产负债表和季度报表等。

1.2.3　唯一数据必须唯一

一些表格数据具有唯一性，如订单编号、生产编号、工号、身份证号、工资数据、资产数据和档案数据等，每一条数据必须唯一，不能出现重复（导入外部数据无法避免，只能进行后期处理），一旦出现需要及时处理。

最直接的应对方法是在输入数据的过程中细心减少误录，录入结束后浏览检查数据，可以采用删除重复值的方法（在第 3.2.1 节中将会具体讲解）。

若担心重复数据被误删，特别是以单个字段为依据的重复值（如姓名相同），可先让 Excel 自动检查并突出显示重复值，然后修改或删除数据，具体方法如下。

第 1 步：选择突出显示重复数据的单元格区域，单击"开始"选项卡"样式"组中的"条件格式"下拉按钮，选择"突出显示单元格规则"→"重复值"选项，如下左图所示。

第 2 步：在打开的"重复值"对话框中选择突出显示样式，单击"确定"按钮，如下右图所示。

第 3 步：单元格区域中自动标识重复数据，如下图所示。

"姓名"列中的重复姓名

"编号"列中的重复编号

1.2.4　杜绝字段数据混乱

　　字段数据混乱主要有两个明显特征：一是数据主体中的合并单元格，二是同列字段下同一数据不同的描述。

　　数据主体中的合并单元格是指在表格中随意将同行或同列中的部分单元格合并，如下图所示，打破了表格的数据完整性，影响数据后期的管理与分析（在第 3.4.2 节中具体讲解合并单元格造成数据筛选的结果缺失）。

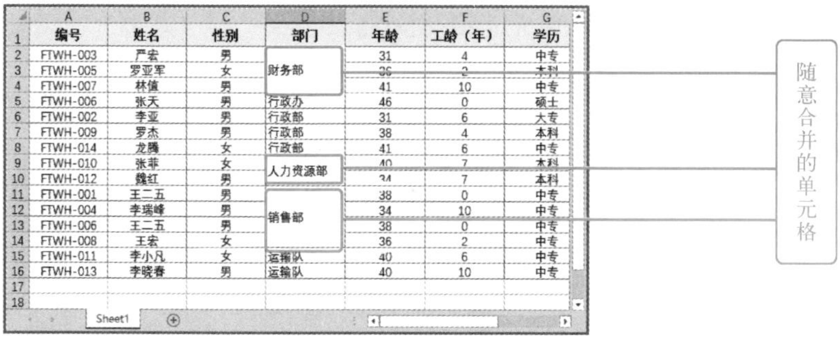

　　第一种情况造成的字段数据混乱，比较好理解，毕竟是把相同的数据合并，以简化表格数据为出发点，但对于第二种情况造成的字段数据混乱，即同一数据用不同的描述放在表格中的原因，一是没有用心做表格，二是缺乏常识，甚至是没有做过数据的真实性考究。如下图所示的"部门"列中的人力资源部门出现了 3 种不同描述。

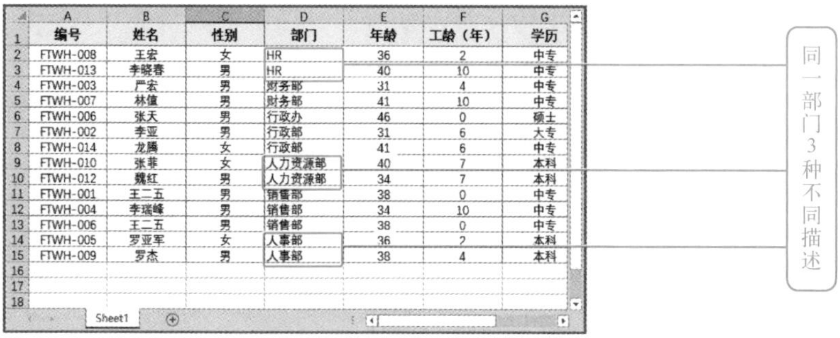

1.2.5　不做过场式保护

　　表格是否需要保护最直接的标准是是否允许他人查看、修改数据或改变表格结构，直接对象是读表者。从保护层级角度可分为：打开保护、结构保护和编辑保护。从保护措施角度可分为：密码保护和无密码保护。

对于一般性的表格（没有特别私密、特别敏感或固定的数据），可进行一般保护，也就是无密码保护，读表者稍懂表格操作就能将保护取消。这种保护被称为"做过场式保护"。

对于特别重要、特别私密、特别敏感或有权限等级要求的表格，如资产负债数据、提成比例数据、岗位工资数据、职务数据以及生产任务数据等，必须进行密码保护，只让有权限的人员打开表格、修改数据或更改表格结构。

操作提示 **保存在 PC 中并非绝对安全**

一些朋友可能会认为，只有在协同办公时，才须对表格或数据进行保护。保存在 PC 中绝对安全，没有必要保护。其实不然，数据安全对于个人或企业都非常重要，网络安全和数据安全必须得到重视。因为 PC 完全可能被他人打开使用，同时，各种网络木马都可能"黑"走表格文件。

在设置密码保护时，如工作表的限制保护密码，不能太简单，如 1~2 位数密码或 123456 等，太容易被猜出或试出。这里特别强调一点：由于 VBA 代码可以智能识别密码（使用 VBA 代码识别密码的操作，将在第 3.4.1 节中讲解），所以建议密码在 6 位数以上，以增加 VBA 代码识别密码的难度。

技术支招 **提醒保护**

提醒保护是表格最低限度的保护，分为两种：限制编辑和建议只读。如下图所示是限制编辑保护，只要单击"仍然编辑"按钮就能正常编辑。

如下图所示是建议只读保护，只要单击"否"按钮就能正常编辑。

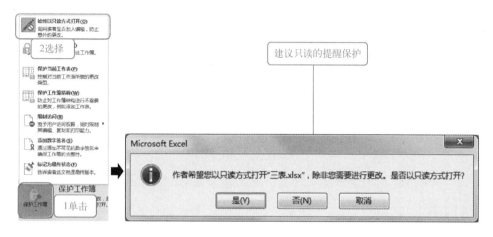

1.3　把握分析目的

分析数据是一项特别有意思的工作，能将数据面纱层层揭开，逐一发现并展示隐藏在深处的发展规律、问题或关系。数据分析人员或决策者依据分析结果得出科学的结论或制定出相应对策。鉴于分析数据的重要作用，作为数据分析人员，必须将数据分析做到位。这对于高手不是难事，但对于初学者或经验不足的朋友，就急需提高了。怎样能快速提高呢？笔者推荐下面 3 条经验。

1.3.1　避免无效分析

无效分析是指没有效果或没有达到预期效果的分析，是数据分析人员水平较低的一种具体表现。作为初学者或不熟练的数据分析人员，最直接的解决方式是找到造成无效分析的关键点，然后克服、避免、修正，直到问题解决。

根据多年经验总结，导致无效分析的原因主要有以下 3 个方面。

- 分析功能选择不当。
- 图表类型选择不当。
- 数据区域选择不当。

下面分别加以介绍。

1．分析功能选择不当

Excel 分析数据的功能主要有 5 类：条件规则、分类汇总、迷你图、图表和透视图表。分析数据一定要选择合适的分析功能。如分析个体数据状况时，可选择条件规则或迷你图，如下左图包含条件规则功能，下右图包含迷你图和图表。

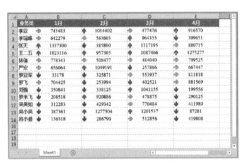 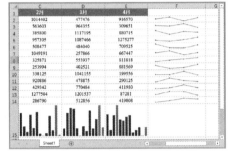

2．图表类型选择不当

图表的主要功能是分析数据，使用频率特别高。不仅因为操作灵活方便，还因为类型较多，能满足绝大部分需求。正因为图表类型较多，一些用户，特别是初学者不能根据数据性质选择合适的图表类型。如下图所示，两张图表外观样式虽然美观，但都不适用于数据的占比分析（饼图系列图表最适合数据构成比重或占比展示分析）。

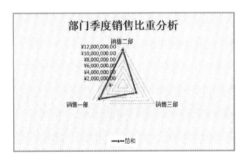 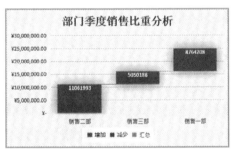

图表类型选择不当的根源是不了解或不熟悉不同类型图表的定义和用途。读者可在疑惑时或选择图表前，在 Microsoft 帮助网页中查看帮助信息。参看帮助信息的大体操作过程如下。

簇状柱形图的定义和用途说明

技术支招　**"推荐的图表"自动选择合适的图表类型**

　　在 Excel 2013 和 Excel 2016 版本中新加了"推荐的图表"功能，可以直接使用该功能快速创建出合适的图表，避免无效分析。

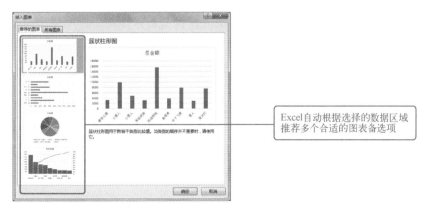

Excel自动根据选择的数据区域
推荐多个合适的图表备选项

3．数据区域选择不当

数据区域选择不当主要出现在图表或透视表中。特别是在图表中，如销售表只需要对比分析不同部门的总计销售额，但因为数据区域的选择不当出现了下图结果。

∨ 数据区域选择过多导致图表数据分析作用大大降低

 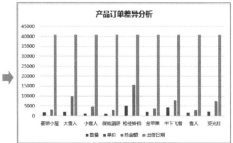

∨ 数据区域选择得当，创建出一目了然的图表

 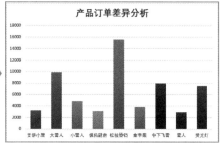

1.3.2 明确分析目的

分析数据不是为了分析而分析，一定是为了实现一个或多个目的，如了解发展趋势、内在关系或潜在问题等。因此，在分析数据前一定要先列出数据分析的目的，做到有的放矢。

比如，针对下面的销售表，可以列出 4 个分析目的。

1）3 个部门全年的销售占比。

2）每一部门季度的销售走势情况。

3）公司整体销售数据展示。

4）每位销售员销售对比展示。

姓名	部门	第一季度	第二季度	第三季度	第四季度	总和
刘艳	销售二部	¥ 157,980.00	¥ 697,653.00	¥ 362,796.00	¥ 219,804.00	¥ 1,438,233.00
李小明	销售二部	¥ 236,601.00	¥ 147,838.00	¥ 73,438.00	¥ 97,636.00	¥ 555,513.00
王二Y	销售二部	¥ 563,257.00	¥ 768,498.00	¥ 361,736.00	¥ 694,383.00	¥ 2,387,874.00
刘艳红	销售二部	¥ 596,135.00	¥ 595,623.00	¥ 740,660.00	¥ 28,987.00	¥ 1,961,405.00
赵菲菲	销售二部	¥ 103,283.00	¥ 217,277.00	¥ 388,539.00	¥ 318,048.00	¥ 1,027,147.00
郭娇红	销售二部	¥ 497,030.00	¥ 794,854.00	¥ 195,365.00	¥ 505,654.00	¥ 1,992,903.00
罗晓丽	销售二部	¥ 533,667.00	¥ 192,432.00	¥ 304,952.00	¥ 667,867.00	¥ 1,698,918.00
刘艳红	销售三部	¥ 178,977.00	¥ 129,632.00	¥ 83,202.00	¥ 937,156.00	¥ 1,328,967.00
张二晓	销售三部	¥ 236,590.00	¥ 325,271.00	¥ 583,712.00	¥ 312,118.00	¥ 1,457,691.00
叶吕翔	销售三部	¥ 776,529.00	¥ 144,459.00	¥ 772,946.00	¥ 569,596.00	¥ 2,263,530.00
王强	销售一部	¥ 265,801.00	¥ 256,167.00	¥ 788,766.00	¥ 151,191.00	¥ 1,461,925.00
林质	销售一部	¥ 486,587.00	¥ 426,984.00	¥ 730,584.00	¥ 234,596.00	¥ 1,878,751.00
张晓晓	销售一部	¥ 589,666.00	¥ 385,222.00	¥ 366,709.00	¥ 537,531.00	¥ 1,879,128.00
王五	销售一部	¥ 293,467.00	¥ 967,818.00	¥ 910,267.00	¥ 66,134.00	¥ 2,237,686.00
龙腾	销售一部	¥ 25,147.00	¥ 246,884.00	¥ 419,661.00	¥ 615,026.00	¥ 1,306,718.00

季度业绩分析　业绩统计表

根据分析目的对数据进行编辑处理，并使用对应的分析功能，这里全部选用图表，如下图所示。

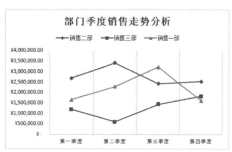

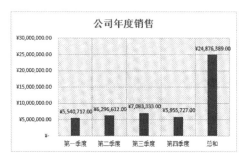

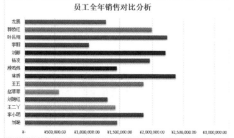

1.3.3　弄清主要对象

莎士比亚有句名言："一千个读者就有一千个哈姆雷特。"直接说明了不同的受众对同一人或物有不同的看法。数据分析也是这样，不同的人员对同一数据会有不同的立足点和关注点，因此需要不同的分析效果展示。

如下面这张表格，可从两个不同角度（业务员和老板）分析数据。

▲	A	B	C	D	E	F
1	业务员	第1笔提成	第2笔业务提成	第3笔业务提成	签单总金额	
2	林质	1200	1500	1600	8560.00	
3	李亚	2064	1854	3918	9403.20	
4	李瑞峰	1824	1776	3600	8640.00	
5	张天	1824	1776	3600	8640.00	
6	王二五	1824	2114	3938	9451.20	
7	林值	1824	1984	3808	9139.20	
8	严宏	1824	1776	3600	8640.00	
9	罗亚军	1920	1529	3549	8397.60	
10	罗飞	1824	1527	3451	8162.40	
11						
12						
13						

Sheet1 ⊕

　　从业务员的角度，想要得出的分析结果：提成金额的发展变化、自己提成金额与其他人的提成对比、提成金额与签单金额差值和自己在团队中签单总金额比重，如下图所示。

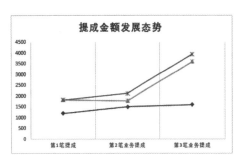

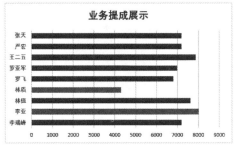

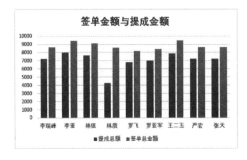

　　从老板的角度，想要得出的分析结果：每一业务员毛利差价数额、业务员签单总金额对比、业务员整体提成比例的对比（谁最多、谁最少），如果有其他同期数据，还会进行同期提成投入的对比分析或环比分析，如下图所示。

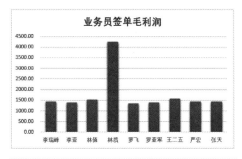

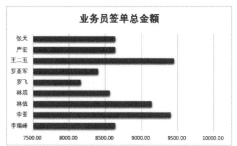

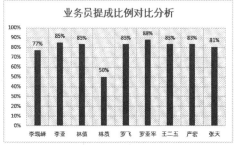

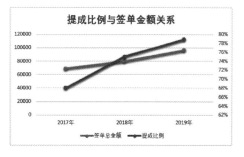

第 2 章

表格设计前的 5 项准备

本章导读

　　初学者和熟练者最明显的区别：是否明确知道自己该怎么做、不该怎么做，哪些可以做、哪些不可以做，怎样做会更好。除了经验的积累外，思维模式的正确树立和持续培养也是非常重要的，能大大提高工作能力和效率，直线提升综合能力。

　　在本章中，笔者根据近 10 年的经验为大家分享表格设计前的 5 项准备工作，帮助大家快速完善表格的设计流程。

知识要点

- 表格设计的权限有多少
- 知晓数据从哪里来
- 选用哪个版本的 Excel

2.1　了解制表大环境

在工作中很多人接到领导要求制作一个表格的任务时，不管三七二十一直接开始做。费了很大力气，花了很长时间，结果往往不满意，经常会返工或重做，不仅耗时费力，还有可能耽误重要事项的进度。通过对大量事例的总结和提炼，笔者归纳出 3 个方面的原因：表格设计权限不清、Excel 版本选用不当、没有弄清楚数据来自哪里。下面具体展开讲解。

2.1.1　表格设计的权限有多少

在制作、修改、完善表格时，各位用户一定要知道自己的权限：自己能对表格的架构和数据做哪些修改或变动。对于公司固定架构的表格（通常是通用表格模板），通常情况下只能做数据内容的填写，至于格式、样式，如行高、列宽、字体、字号，特别是 LOGO 图片等，都不要进行任何修改，因为这是公司统一的 UI 样式，是由专业人员经过一系列设计后的最终呈现结果。这类属于绝对无权限，禁止做任何设计。如下图所示是一家公司固定的表格样式模板。

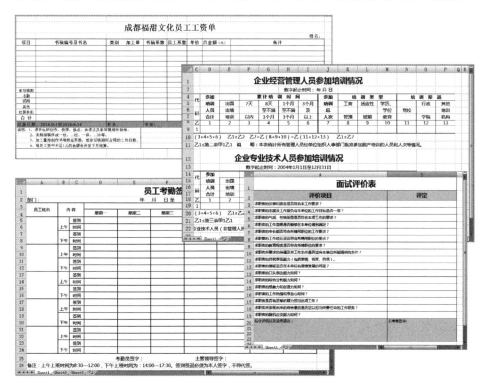

对于一些行业固定或规定结构的表格等只有部分修改权限，如资产负债表、经营报表和季度报表等，如下图所示。这一类表格可以对字体格式、边框样式、行高、列宽和底纹等进行修改。

怎样避免越权或越位制作、修改表格呢？除了靠记忆和常识判断外，还可以在动工之前问问相关同事或领导，明确自己能做什么，不能做什么，保证制作的表格权限适当，不做无用功。

2.1.2 选用哪个版本的 Excel

Excel 的版本有很多，之所以要让大家在制作表格前先确定选择哪个版本的 Excel，有两个原因：一是了解领导或客户能够打开的版本或公司内部通用的版本，防止 Excel 版本过高，对方无法打开的情况发生（当然，也可以通过保存版本类型转换，但不能保证所有的表格样式、对象没有丝毫变化）。二是根据制作的表格内容选择合适的 Excel 版本，版本越高的 Excel，智能化越高，新功能越多，能将低版本复杂的操作变得简单，如制作瀑布图表，低版本的 Excel 会用到十多步烦琐操作，而高版本的 Excel，如 Excel 2016 两步就能完成（如果担心高版本制作的表格样式或图表等保存为低版本对象出现丢失或变化，可将其发布为网页、PDF，或用低版本 Excel 打开降级的表格，检查并将变化的对象进行修改、完善）。

2.1.3　知晓数据从哪里来

数据是表格的灵魂，没有数据的表格也没有实际存在的意义。所以，输入表格数据是必不可少的操作（虽然有时会出现延后或暂时空缺）。除了那些必须全新手动输入的数据之外，如每日生产数据、开支数据，其他数据最好在制表之前了解清楚可以从哪里得到。

在职场中，数据来源的方向有这样几个：网页抓取、数据库导入、从其他文件中复制、使用公式引用或计算而来。作为一个成熟的表格制作者，在设计表格前，应想想数据从哪里来，甚至是了解渠道和对应的方法，如房地产数据分析专员，需要对某一地区的市场数据进行分析，他就需要了解是否已有市场数据，如果没有，则需要在哪些网页中进行抓取，顺便了解需要哪些技术、人员和工具等，从而保证表格数据的准确。

2.2　预测表格中难点，做好技术准备

表格的整体架构规划完成后，先不要急于进入具体的制作阶段，先在脑海中想想需要用到哪些知识点，若是知识点较多可在纸张或其他地方逐一列出，越细越好。如下表所示是制作人力资源结构表格可能用到的技术点。

规划功能	可能用到的技术点
管理表格和数据	重命名工作表标签名称、多条件排序
制作人力资源表格结构	新建工作表、表格样式
统计和计算人力结构数据	COUNTIF、SUM、COUNTIFS
展示分析人力资源结构情况	推荐的图表、数据标签、误差线
统计部门人才数据	COUNTIF、COUNTIFS、边框线条
动态展示分析部门人才构成	数据验证、VLOOKUP、图表、动态文本框

这样做有以下 3 个好处。

- 使整个表格架构更加清晰，要实现的功能更能准确把握，对不足或不需要的功能进行补充和删减。
- 预测表格中的技术难点，寻找解决方法或请教他人。
- 若技术难点完全不能实现，可趁早寻找可实现的替代功能。

知识加油站 **表格的整体架构事先手工绘制**

在制作一些表格时，特别是架构较为复杂的表格，如个人简历表、KPI 绩效考核表、财务表单和库房出入库表单等，最高效的方式是事先在纸上绘制出表格的整体架构，越细越好，以保证后期制作思路清晰、高效完成。如下图是手绘的一张"预算单位收支表"的草图。

2.3 估计可能需要的对象

数据和技术准备妥当后，可根据表格的性质、用途或特色等，考虑是否需要图片、形状、SmartArt 图、文本框等对象充实、丰富表格。一旦脑海中有需要的对象，就要进行准备，如图片等可能需要在企业的资源库或网站上搜索、对比、下载，以备用。

2.3.1 是否需要图片装饰

为了让表格更加充实、美观并具有个性或特色而插入的图片称之为装饰性图片，其目的很明确，装饰、修饰或衬托主题，没有任何实际的指代意义，如下图所示。

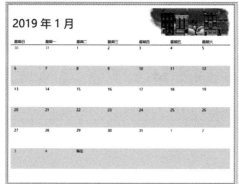

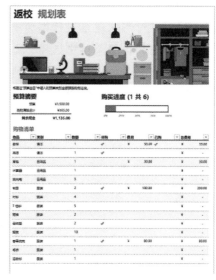

　　一些用户朋友可能会问在哪些表格中需要添加装饰性图片，这里有两个规律：一是主题较为轻松活泼的表格，二是表头左端对齐需要对表头重心进行平衡的表格中，可以在表头右侧添加对应的装饰性图片。如果是客户或领导要求必须添加提供的装饰性图片，这时需要逆向思维，即将表格的字体格式或表格架构设置得轻松活泼或个性化。

2.3.2　用 SmartArt 图还是形状

　　在 Excel 中制作图示有两类方法：一是使用 SmartArt 图，二是使用形状。对于一些常规的流程图、关系图和组织结构图等，可直接插入 SmartArt 图，然后输入对应的数据内容，就能轻松完成，如下图所示是制作公司的组织架构图。

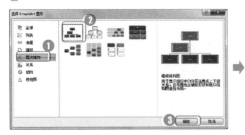 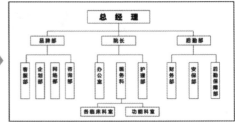

技术支招 添加形状和减少形状

　　插入的 SmartArt 图，很多情况下形状过少或过多，不能完全满足实际的需要，这时可对形状适当进行添加或删除，只需在对应位置的形状上单击鼠标右键，在弹出的快捷菜单中选择"添加形状"命令，再在弹出的子菜单中选择相应的添加形状命令即可，如下图所示。对于过多或不需要的形状，可直接选中然后按〈Delete〉键删除即可。

　　对于没有明显架构或规则的图示，也就是自由灵活性很高的图示，使用形状绘制是最直接的方式，如下图所示。

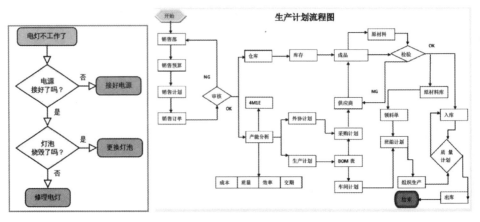

特别提醒：SmartArt 图和形状要灵活应用，不能刻板地认为两者只能二选一，要灵活变通，两者结合使用，经费报销流程图如下图所示。

经费报销流程图

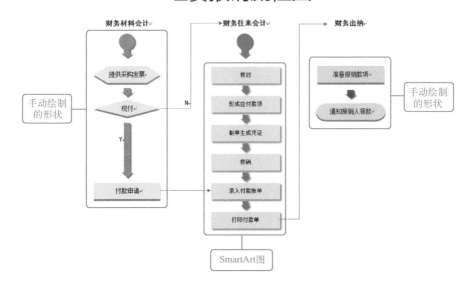

第 3 方制作工具

无论是使用形状还是 SmartArt 图，目的都是制作出满足需求的图示，因此，可以跳出 Excel 的束缚，使用第 3 方工具，如思维导图、百度脑图等，它们的操作方法很简单，跟着提示就能完成一些图示，下面是使用思维导图和百度脑图分别制作的架构图。

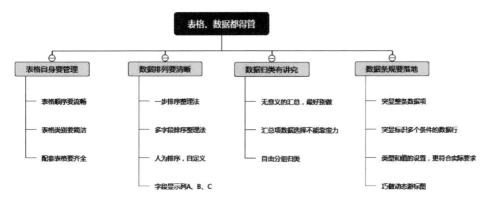

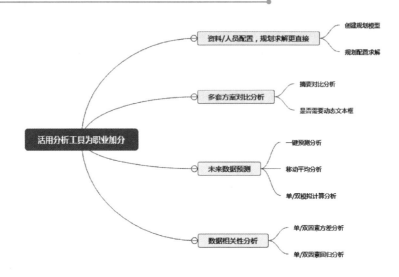

2.3.3 是否需要动态文本框

默认情况下，表格中的数据都要"嵌入"到单元格中，不能任意浮在单元格之上，但有时为了让制作的表格或图示更加符合实际需求，需要借助于文本框，让数据浮在指定位置。

下图中"通过"和"未通过"字样都是借助于文本框摆脱单元格的束缚，放置在指定位置，完善了招聘流程图的结构。

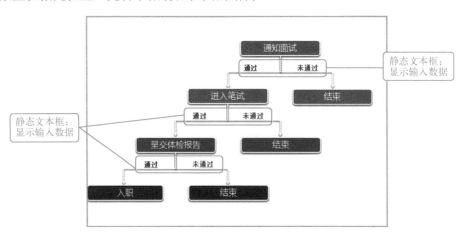

技术支招 插入横向和纵向文本框

表格中文本框需要手动插入，方法为：单击"开始"选项卡，单击"文本框"下拉按钮，在弹出的下拉选项中选择"绘制横排文本框"或"竖排文本框"（也就是纵向文本框），然后在表格中按住鼠标左键绘制，最后输入数据内容，如下左图所示。若要对文本框的底纹和边框线条格式进行设置，只需选择指定文本框后，在激活的"绘图工具→格式"选项卡中进行设置，如下右图所示。

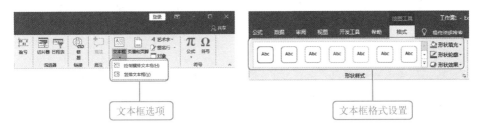

文本框中除了直接输入数据，制作成静态文本框外，还可以使用公式将其转换为动态文本框，动态显示数据（通常情况下与引用单元格中的数据完全一样）。

表格中是否需要动态文本框，最直接的判断标准是是否需要文本框动态显示指定单元格中的数据，以配合某项功能的实现，如动态图表中添加动态文本框显示产品名称、人员等，以配合动态图表展示分析指定产品或人员的相关数据，如下图所示。

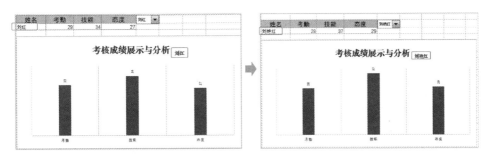

技术支招　制作动态文本框

动态文本框的实质是用公式引用数据，所以，制作动态文本框只需选中文本框后，在编辑栏中输入引用公式：=+单元格地址，如引用 B18 单元格中的数据，选择文本框，在编辑栏中输入"=B18"，如下图所示。

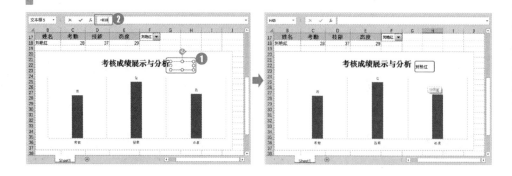

2.4 合理规划字段

作为一名合格或成熟的表格制作者，在制作表格前首先应该对表格的字段进行整体规划：哪些是必要核心字段、哪些是次要关键字段、哪些是补充或拓展字段，以保证表格的专业性和完整性。如制作一份客户资料表，首先规划出核心字段、次要关键字段、补充或拓展字段，见下表。

客户资料表	字段
核心字段	联系人/企业名称 合作项目 合作金额 联系方式
次要关键字段	我方提供的服务 我方对其的评级 客户关系 客户贡献价值等
补充字段	在相应的区域中添加备注信息，如对方人员的变动或合作政策的变化等备注字段

排班表的字段规划见下表。

排班表	字段
核心字段	（1）日期 （2）人员 （3）班次：白班、晚班、中班 （4）岗位
附加字段	（1）值班班长 （2）备注

然后可以根据实际需要，对字段进行选用安排，如有必要还可以对字段的具体要求提前进行规划说明，如在排班表中对字段做进一步细化，见下表。

排班表	字段	字段说明
核心字段	（1）日期 （2）人员 （3）班次：白班、晚班、中班 （4）岗位	（1）若有特殊要求，可将排班表的第一个表头制作成斜线表头 （2）若没有指定的排班要求，可用RAND函数随机安排，以示公平
附加字段	（1）值班班长 （2）备注	

技术支招　一维表和二维表

表格中字段的规划安排，直接决定表格的结构。在 Excel 中表格的结构分为两种：一维表和二维表。一维表是指同类别的数据在同一行或同一列存储的表；二维表是指数据在多行多列存储的表。可简单理解为：单独一行或一列能够完整显示一条数据信息就是一维表。如查看王林的绩效工资，只需查看第三行的数据。若要查看王林的绩效工资需要结合行、列数据一起显示数据信息就是二维表。示例如下图所示。

	A	B	C
1	姓名	工资类别	应发金额
2	王林	基本工资	¥ 1,500.00
3	王林	绩效工资	¥ 500.00
4	王林	工龄工资	¥ 40.00
5	张强	基本工资	¥ 1,800.00
6	张强	绩效工资	¥ 400.00
7	张强	工龄工资	¥ 60.00

一维表：单独一行显示一条完整数据信息

	A	B	C	D
1	姓名	基本工资	绩效工资	工龄工资
2	王林	1500	¥ 500.00	40
3	张强	1800	¥ 400.00	60

二维表：行、列数据结合显示部分或完整信息

第 3 章

表格数据的限、洗、磨、选

本章导读

　　若要将表格比作艺术品，数据就是艺术品的构成材料。用户须对这些"材料"进行挑选、打磨、清洗和雕塑，将其塑造成想要的个体，最终构成完美的整体。在本章中笔者将分享一些实用经验，帮助大家玩转数据。

知识要点

- 限制重复数据
- 处理重复数据
- 修改指定数据
- 数据分合
- 数据分组
- 数据不能筛选
- 无法正常筛选主体数据
- 筛选数据独立放置的两种高级操作

- 对不符合规定的数据警告
- 处理残缺数据
- 检查错误数据
- 数据转换
- 数据抽样
- 数据筛选的结果缺失
- 筛选 N 个条件的数据
- 高级筛选条件的"或"与"与"

3.1　限制表格数据

表格是否专业规范最直接的指标是数据是否准确和规范。对于个人表格，要保证输入数据的准确和规范；对于共有或公用表格，需要提前采取限制措施，防止他人随意输入数据，以减少不必要的数据处理工作，同时，保证表格的专业度。

限制表格数据的方法大体可分为两类：限制输入数据和限制重复数据。对不符合规定的数据可以设置弹出错误信息。

3.1.1　限制输入数据

限制输入数据分为两类：限制输入数据的备选项和限制输入数据的范围。其中，数据的范围又分为 3 种：数据的大小范围、时间范围和字符长度范围。

1．限制输入数据的备选项

限制输入数据的备选项，不仅限制了单元格数据的输入，同时，还提供了输入数据的备选项。其他用户必须输入或选择备选项数据，否则，无法正常输入数据。如下左图所示是限制"选修课"列的输入数据备选项，如下右图所示是限制"性别"列的输入数据备选项。

例如，在"选修课"表格中为"选修课"列提供选修课备选项，操作步骤如下所述。

第 1 步：下载"第 3 章/素材/选修课.xlsx"文件，选择 D2:D23 单元格区域，单击"数据"选项卡"数据工具"组中的"数据验证"按钮，打开"数据验证"对话框，如右图所示。

第 2 步：单击"允许"下拉按钮，

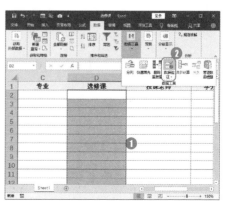

选择"序列"选项，如下左图所示。

第3步：在"来源"文本框中输入备选数据项，这里输入"管理经济学，企业战略管理，生产与运作管理，国际金融与国际商务，现代物流与供应链管理，人力资源开发与管理，现代财务管理，市场营销管理，管理信息系统与电子商务"，单击"确定"按钮，如下右图所示。

技术支招　所有备选项数据显示为一条选项

一些新学员反映：设置的备选项数据总显示为一条选项，而不是独立的多条选项，如下右图所示。出现这种情况，不是操作的问题，而是"逗号"的问题。这时，只需再次打开"数据验证"对话框，将备选数据项之间的中文状态下的"逗号"更改为英文状态下的"逗号"。

若表格中已有备选项数据可直接引用，方法为：将鼠标指针定位在"来源"文本框中，在表格中选择备选项数据所在的单元格区域，如下图所示。

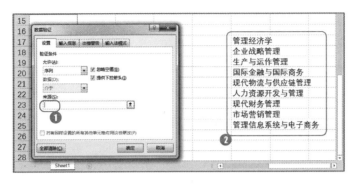

引用单元格数据作为"序列"数据来源，就不能人为将数据删除，否则，数据下拉选项虽然存在，但选项为空或没有下拉选项。若是零散数据，则需要对单元格数据进行一定的保护：隐藏（选择数据所在的列，在其上单击鼠标右键选择"隐藏"命令）。若数据源是表格中重要的行、列数据（不会被误认为是没用数据），可不做任何操作。如果只会制作一级下拉选项是不够的，还需要继续学习：掌握二级下拉选项和三级下拉选项的制作方法。

（1）添加二级下拉选项（小组成员二级下拉选项）

第 1 步：下载"第 3 章/素材/二级下拉选项.xlsx"文件，为 A2 和 A3 单元格添加第一级下拉选项"一组、二组"，如下左图所示。

第 2 步：选择 D1:E3 单元格区域，单击"公式"选项卡，单击"定义的名称"组中的"根据所选内容创建"按钮，打开"根据所选内容创建名称"对话框，如下右图所示。

技术支招　**第一级下拉选项和第二级下拉选项的设置**

在 D1:E3 单元格区域中，D1:E1 单元格区域数据作为第一级下拉选项，D2:E3 单元格区域数据作为第二级下拉选项。

第 3 步：勾选"首行"复选框，单击"确定"按钮，一次性定义"一组"和"二组"名称，如下左图所示。

第 4 步：选择 B2:B3 单元格区域，单击"数据"选项卡，单击"数据工具"组中的"数据验证"按钮，打开"数据验证"对话框，如下右图所示。

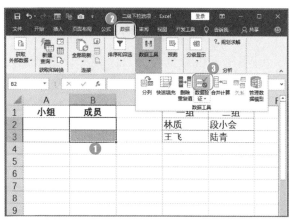

第 5 步：选择"允许"选项为"序列"，在"来源"文本框中输入函数"=INDIRECT(A2)"，单击"确定"按钮，在弹出的带有错误信息的对话框中单击"是"按钮，如下图所示。

第 6 步：在 A2 或 A3 单元格中选择第一级下拉选项数据，再在 B2 或 B3 中选择第二级下拉选项数据，如下图所示。

（2）添加三级下拉选项（小组成员三级下拉选项）

如下图中"小组"数据需要根据"部门"数据提供备选项，"成员"数据需要根据"小组"数据提供备选项，形成了"部门"→"小组"→"成员"的三级下拉选项。

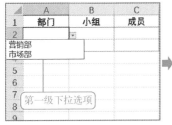  

操作步骤如下所述。

第 1 步：下载"第 3 章/素材/三级下拉选项.xlsx"文件，将 E1:F1 单元格区域定义为"部门"名称，如下左图所示。

第 2 步：批量定义 E1:F3 单元格区域名称分别为"首行"：营销部和市场部，如下右图所示。

第 3 步：批量定义 E5:H8 单元格区域名称分别为"首行"：一组、二组、一部、二部，如下左图所示。

第 4 步：添加 A2:A3 单元格区域的数据序列备选项来源为"部门"，如下右图所示。

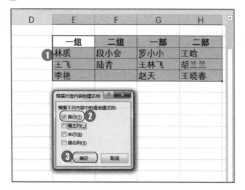

第 5 步：添加 B2:B3 单元格区域的数据序列备选项来源为 "=INDIRECT(A2)"，在弹出的提示框中单击 "是" 按钮，如下图所示。

第 6 步：添加 C2:C3 单元格区域的数据序列备选项来源为 "=INDIRECT(B2)"，在弹出的提示框中单击 "是" 按钮，如下图所示。

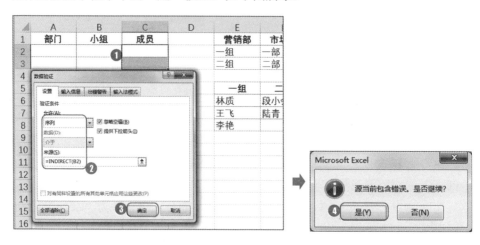

技术支招 多级下拉选项的核心技术点

设置 2 级、3 级以及 N 级下拉选项的关键点是定义名称和 INDIRECT 函数，掌握了 2 级和 3 级下拉选项的制作方法，就可以轻松制作出更多级的下拉选项。

2．限制输入数据的范围

限制输入数据的范围泛指限定输入数据的大小范围和时间范围，形成一个封闭或半封闭区域。如 0～100 之间的整数，2019/10/1～2019/10/31、>3000 等。如下左图所示是限定输入数据的大小范围，如下中图所示是限定输入数据的时间范围，如下右图所示为限定输入数据的小数范围。

3．限制输入数据的字符长度范围

一些表格中需要添加详细的补充说明文字，如报销表中"备注"说明列，考试报名表中的"家庭背景"列等。同时还需要限定输入数据的长度或限定输入字数。如右图所示是限定字符输入长度为 50。

3.1.2 限制重复数据

重复数据是表格的冗余数据，需要在汇总分析前手动将其删除，做清洗处理，无形中增加了工作量。同时，有一些特殊的数据具有唯一性，一旦出现重复数据，整张表格的数据都要重新检查。作为表格的制作者，最好在数据输入前对特殊行、列数据进行重复性的限制。

例如，在"员工信息管理表"表中对 C2:C17 单元格区域中的身份证号进行重复性的限制，操作步骤如下所述。

第 1 步：下载"第 3 章/素材/员工信息管理表.xlsx"文件，选择 C2:C17 单元格区域，单击"数据"选项卡中的"数据验证"按钮，打开"数据验证"对话框，如下左图所示。

第 2 步：选择"允许"选项为"自定义"，在"公式"文本框中输入函数"=COUNTIF ($C$3:$C$17, C3)=1"，单击"确定"按钮，如下右图所示。

技术支招　**限制重复数据的关键点技术**

限制重复数据的原理：让 COUNTIF 自动将下一个单元格的数据与上一个单元格数据进行比对，如有重复的数据，COUNTIF 的值就会等于 2，不等于唯一值 1，数据验证自动报错。

3.1.3　对不符合规定的数据警告

表格中哪些单元格设置了数据验证，需要什么数据，制表者心里很清楚，但使用者未必知晓，甚至是弹出警告提示对话框后，仍不知道哪里出现了问题，应该修改哪些数据。鉴于此，作为制表者需要考虑到这一点，为数据验证添加不符合规定的错误信息提示，让使用者一看就懂。

操作方法为：打开"数据验证"对话框，切换到"出错警告"选项卡中，设置清晰的错误信息提示，如下左图所示。当在限制重复列中输入重复数据后，Excel 自动弹出带有错误信息提示的对话框，如下右图所示。

3.2　清洗表格数据

数据清洗是数据分析中的专业术语，是发现和纠正错误数据的最后一道工序，目的是把"脏"数据"洗掉"。常见的"脏"数据包括：重复数据、残缺数据、格式错误数据和类型不统一数据等。

3.2.1　处理重复数据

前面虽然讲解过限制重复数据，但它只是针对手动输入的数据，对于导入的成百上千条外部数据无能为力。要得出准确的数据分析结果，帮助发现和解决问题，就必须将重复数据处理掉，以保证决策依据的准确性。无论几十条数据还是成百上千条的数据，笔者都建议利用自动删除重复数据功能一次性删除，不建议手动查找，因为费时、费力、影响效率。

操作方法非常简单：选择任一数据单元格，单击"数据"选项卡中的"删除重复值"按钮，在打开的"删除重复值"对话框中单击"全选"按钮，然后单击"确定"按钮，在 Excel 打开的提示对话框中显示删除多少条重复数据，最后单击"确定"按钮就可以了。

技术支招 **删除某一列的重复数据**

对指定列的重复数据进行删除，只需在"删除重复值"对话框中单击"取消全选"按钮，然后在"列"列表框中勾选字段列复选框，然后单击"确定"按钮。

3.2.2 处理残缺数据

残缺数据是指表格中缺少了参与计算或分析的必要数据。在简单的表格中可以手动输入数据进行补充。但对于外部导入的数据，若本身存在残缺数据，并且找不到原始数据时，需要采用专业的平均法填补（若是名称、姓名等文本型数据需手动输入，通常是就近原则）。

如下左图中 D70 单元格中缺少客户 C 的下单金额数据，在找不到原始数据的情况下，可以在 D70 单元格中输入计算平均公式"=(D66+D67+D68+D69+D71+D72+D73)/8"，按〈Ctrl+Enter〉组合键计算出结果补全残缺数据，如下右图所示。

技术支招　**成百上千条数据中一键查找残缺数据**

同列或同行中若有残缺数据（也就是空白单元格）将会出现数据断裂。只要找到这个"断裂"点，就能找到残缺数据单元格。方法非常简单：在列中选择起始单元格，按〈Ctrl+Shift+↓〉组合键，快速查找同列残缺数据，如下图所示。然后用同样的方法继续向下查找残缺数据。

若要查找同一行中的残缺数据，方法基本相同，只需选择行的第一个单元格，按〈Ctrl+Shift+→〉组合键自动查找残缺数据。

3.2.3　修改指定数据

成熟的表格制作者在修改数据时通常不会手动进行，而是习惯用快捷键操作"查找和替换"功能来实现。通常分 3 步：按〈Ctrl+H〉组合键打开"查找和替换"对话框，输入查找数据和替换数据，单击"全部替换"按钮完成，如下图所示。

3.2.4　检查错误数据

检查错误数据的关键体现在两个方面：一是与行业数据进行对照，二是与常识数据进行对照。如成都销售人员的工资普遍在 4000～6000 元，但在销售工资数据中出现少有的 6000000 元，这个数据可能就是一个需要检查的数据，因为与行业数据出现严重背离。再如在"部门"列数据中偶然出现"人力资源综合管理和调配部"，与其他的"人力资源部"不匹配，这时就需要检查数据是否出现不统一或常识性错误（日期格式、数字类型格式等也容易出现类似的问题）。

3.3 打磨表格数据

把不合适、不需要、缺少的和错误的数据处理后，需要对数据进行打磨，让表格结构更加符合数据分析的要求。

3.3.1 数据分合

数据分合是指数据列的拆分与合并。数据列的拆分是将带有分隔符的单列数据拆分为多列数据（多是导入的外部数据）；数据列的合并是将多列独立的数据串联合并成一列。

1．数据列的拆分

从网页中转换、下载的表格或初学者将数据输入到同列中，作为高手要知道怎样将它们快速地拆分到不同列中，操作步骤如下所述。

第 1 步：下载"第 3 章/素材/采购明细.xlsx"文件，选择 A1:A9 单元格区域，单击"数据"选项卡"数据工具"组中的"分列"按钮，打开"文本分列向导-第 1 步，共 3 步"对话框，如下左图所示。

第 2 步：选中"分隔符号"单选按钮，单击"下一步"按钮，打开"文本分列向导-第 2 步，共 3 步"对话框，如下右图所示。

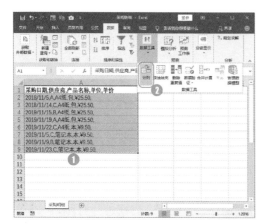

第 3 步：勾选分隔符号对应的复选框，如勾选"逗号"复选框，单击"完成"按钮（若要对字段进行格式的设置，建议进入下一步，若不需要进行格式的设置可直接单击"完成"按钮结束操作），如下左图所示。

第 4 步：在表格中可以查看到数据分列后的效果，如下右图所示。

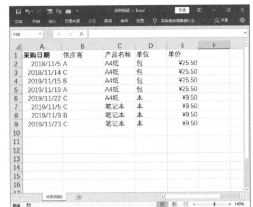

2．数据列的合并

数据列的合并与数据列的拆分刚好相反，操作简洁很多，通常只需两步操作。例如，制作成完整的邮寄地址列方便公司发送快递，操作步骤如下所述。

第 1 步：下载"第 3 章/素材/邮寄地址.xlsx"文件，选择 E2 单元格，在编辑栏中分别输入 A2、B2、C2、D2 单元格中的内容（必须输入数据内容，不能是单元格引用），按〈Ctrl+Enter〉组合键确定，如下左图所示。

第 2 步：填充数据到 E10 单元格，单击"自动填充选项"下拉按钮，在弹出的下拉列表中选中"快速填充"单选按钮，实现多列数据合并成一列，如下右图所示。

技术支招　**数据合并**

　　在上面的操作中，有 3 个技术点需要补充提示。

　　1）在第 2 步操作中，也可以单击"数据"选项卡"数据工具"组中的"快速填充"按钮，实现多列数据合并，如下左图所示。

　　2）必须先在一个单元格中输入合并的数据内容，然后快速填充，不能选择一组单元格，输入合并的数据内容，按〈Ctrl+Enter〉组合键确认，因为这样只会同时输入一组相同的数据，不能激活"自动填充选项"下拉按钮，而是激活"快速分析"按钮，如下右图所示。

　　3）输入的多个数据内容不是公式，而是一个合并模式，因此，不能习惯性输入"="。

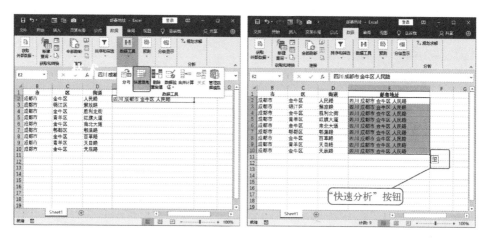

3.3.2　数据转换

　　在常规的理解中，数据转换是将数据的类型进行转换，如将常规数据类型转换为货币类型。笔者在多年的 Excel 使用中总结发现，数据转换应该还包括行列数据的转换、公式与数值的转换。

　　其中，数据类型转换，最简单的操作方法：选中数据单元格，单击"开始"选项卡"数字"组中数据类型下拉按钮，在弹出的下拉列表中选择相应的数据类型选项，如下左图所示，或打开"设置单元格格式"对话框，在"数字"选项卡中进行设置，如下右图所示。

行列数据的转换、公式与数值的转换，都可以通过"粘贴"下拉选项轻松实现。如下图所示是转换表格的行列数据：复制行列数据，选择粘贴的起始单元格位置，单击"粘贴"下拉按钮，在弹出的下拉列表中选择"转置"选项。

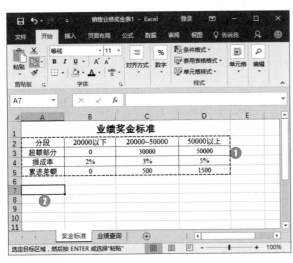

将公式转换为数值，只需复制公式/函数所在的单元格区域，然后单击"粘贴"下拉按钮，在弹出的下拉列表中选择"值"选项 ⬚。

技术支招　**炫技的数值粘贴和转置粘贴**

复制数据单元格后，按〈Alt+E+S〉组合键打开"选择性粘贴"对话框，选中"数值"单选按钮，将公式转换为数值，如下左图所示；勾选"转置"复选框将行列数据转换，如下右图所示。

3.3.3　数据分组

　　数据分组，不能简单地理解为将数据放置在不同的组中，而是让数据根据关键字自动匹配分组，讲究自动性、精确性和批量性。

　　数据分组的核心技术点是自动匹配，最简单的实现方式是使用 VLOOKUP 函数（其他函数也可实现，如 LOOKUP、MATCH、INDEX，有兴趣的朋友可以自行研究，方法基本相同）。

　　根据各个班次自动对 F 列中的基本工资数据自动分组/匹配，如下图所示。

	A	B	C	D	E	F	G	H
1	员工	班次	基本工资		班次	基本工资		
2	王二喜	早班			早班	1500		
3	林萧	晚班			中班	1600		
4	刘艳	早班			晚班	1800		
5	刘艳红	晚班						
6	李小明	晚班						
7	王二丫	中班						
8	张二晓	中班						
9								
10								

　　实现方法非常简单：选择 C2:C8 单元格区域，在编辑栏中输入函数"=VLOOKUP(B2,$E$1:$F$4,2,0)，按〈Ctrl+Enter〉组合键自动分组匹配基本工资数据，如下图所示。

3.3.4　数据抽样

Excel 中的数据抽样就是在一堆数据中随机抽取部分数据用作检验或对照。与日常中的随机抽检类似，不同的是 Excel 中有专业的随机数据抽取函数 RANDBETWEEN，只需稍稍添加一些辅助的数据参数就可以了。

例如，在产品明细表中使用 RANDBETWEEN 函数随机抽取检验的产品编号。打开"下载\素材文件\第 3 章\产品生产明细.xlsx"文件，选择 D2:D5 单元格区域，在编辑栏中输入随机抽样函数"="FTWH-0"& RANDBETWEEN (1,1000)"，按〈Ctrl+Enter〉组合键随机抽取一组数据，如下图所示。

一些朋友不禁会问：为什么不用 RAND 函数？答案其实很简单：RAND 函数只能获取 0~1 之间的小数，需要人为的放大 10 倍或 100 倍，同时，还需要取整数。不仅思路复杂了，函数的架构也复杂了，还不如直接使用 RANDBETWEEN 一步到位。

若执意使用 RAND 函数，可将上面的函数更改为：="FTWH-0"&INT (RAND()*1000)，如下图所示。

3.4 筛选表格数据

在表格中要筛选出符合要求的数据，最有用的方法是筛选。

一些用户朋友可能觉得筛选很简单，这里，笔者要分享一些筛选中的高级操作，帮助大家提高筛选技能。

操作提示 **自动筛选与自动查找的区别**

它们都能在表格中自动查找到指定数据（在单条数据上的查找能力基本相同），或借助通配符（?、*）查找相似数据。但自动查找不能查找指定范围或多条件要求的数据，更不能将不符合要求的数据自动隐藏，而自动筛选能轻松做到。

3.4.1 数据不能筛选

笔者曾在对资产报表进行筛选时，发现筛选按钮不能用，筛选选项也呈灰色不可用的状态，如下图所示。第一猜想是计算机卡住了或软件没有反应，稍等了一会儿，问题仍然存在，即使换一台计算机打开报表仍然不能筛选。

筛选选项呈灰色不可用的状态

筛选按钮呈灰色不可用的状态

反复研究后发现，是表格保护导致的筛选不能正常进行，虽然找到了问题所在，但又苦于没有密码。作为 Excel 多年使用者，不能被这个问题绊住了脚。常规的方法显然不行，必须要破解，使用 VBA 代码找到密码。操作步骤如下所述。

第 1 步：新建一空白工作簿并将其保存为宏工作簿，按〈Alt+F11〉组合键打开 VBE 窗口，如下左图所示。

第 2 步：输入找回工作表密码保护的 VBA 代码，单击"运行"按钮打开"宏"对话框，如下右图所示。

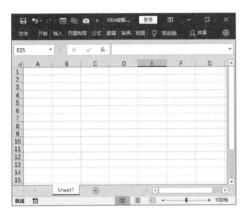

第 3 步：选择宏名称选项，单击"运行"按钮，打开"VBA 破解"对话框，如下左图所示。

第 4 步：选择要找回保护密码的工作簿选项，单击"打开"按钮，如下右图所示。

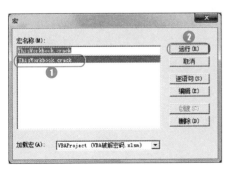

操作提示　　**自定义的对话框名称**

在"宏"对话框中单击"运行"按钮打开的对话框名称与当前工作簿的名称对应，如当前工作簿名称为"VBA 破解"，打开的对话框名称也是"VBA 破解"。如果工作簿的名称改成其他，对话框的名称随之发生变化。另外，有时单击"运行"按钮不会打开"宏"对话框，而是直接打开"VBA 破解"对话框。

第 5 步：在打开的提示对话框中直接显示保护密码，如下图所示。然后使用密码取消工作表保护，正常进行筛选即可。

具体的 VBA 代码如下所示，同时，在第 3 章的效果文件中也能找到"VBA 破解"的 Excel 文件，打开 VBE 窗口可以直接复制 VBA 代码。

```
Sub crack()
Dim i As Long
Dim FileName As String
Application.ScreenUpdating = False
i = 1
FileName = Application.GetOpenFilename("试验（*.xls & *.xlsx），*.xls;*.xlsx", , "VBA破解")
FileName = Right(FileName, Len(FileName) - InStrRev(FileName, "\"))
line2:
On Error GoTo line1
Do While True
Workbooks.Open FileName, , , , i
MsgBox "密码是  " & i
Exit Sub
Loop
line1:
i = i + 1
Resume line2
Application.ScreenUpdating = True
End Sub
```

操作提示　**非字段区域不能筛选**

在数据透视表中，只能对字段区域数据进行筛选，如果是非字段区域数据不能筛选，这是正常状态，读者不需要再进行其他破解操作，如下图所示。

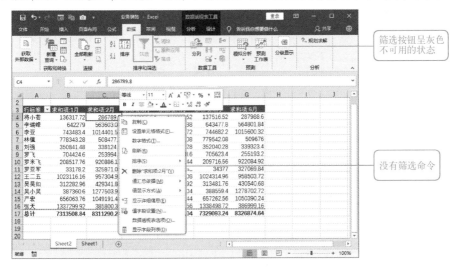

3.4.2　数据筛选的结果缺失

按要求筛选出指定范围的数据或特定数据，必须保证结果完整，不能多也不能少。筛选结果多了说明筛选失败，筛选结果少了说明筛选缺失。筛选结果多出预期或需要，可通过重新设置筛选条件重来，但筛选结果缺失，就是表格结构的问题，可能是表格中存在大小不一的合并单元格。

合并单元格的大小与其他单元格大小不统一，会造成筛选结果缺失，如下图所示。

合并单元格导致"产品"列中单元格大小不一样　　　筛选数据缺失：少了两条"电磁炉"的下单数据

解决方法很简单：将合并单元格取消，让"产品"列中的单元格大小完全一样。

3.4.3 无法正常筛选主体数据

无法正常筛选主体数据，绝大部分原因是筛选按钮无法准确定位到最下一级标题单元格中，如下左图所示。甚至是只有一级标题，自动筛选按钮仍然定位在表头单元格中，如下右图所示。

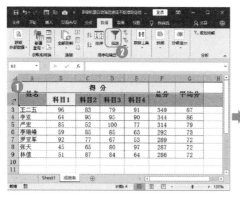

自动筛选按钮在第一级标题单元格中，无法正常筛选

自动筛选按钮出现在表头单元格中，无法正常筛选

一旦出现上述两种情况，首先取消自动筛选，然后选择最低一级标题行，单击"筛选"按钮，再次进入自动筛选模式，保证自动筛选按钮准确定位在最低一级标题的单元格中，确保筛选的正常进行，如下图所示。

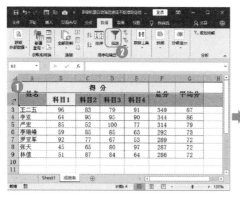
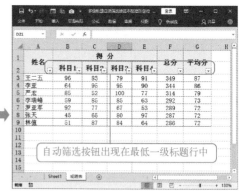

自动筛选按钮出现在最低一级标题行中

3.4.4 筛选多个条件的数据

在今年的一次面试的上机测试中，市场部的主管要求小张将 2019 年 3 月 15 日后，销量在 450 台以上、销售额在 200000 元以上的数据筛选出来，面试的小张未经思考，直接告知主管，Excel 中无法实现，必须使用其他软件。与 Excel 打交道多年的主管微微一笑，让面试的小张回去等通知。

在 Excel 中自动筛选确实只能筛选出两个条件的数据，但高级筛选可以筛选多个条件的数据，不是面试主管要求高，而是小张的技术不到位，遗憾地错过了一份数据分析的工作。

怎样在表格中进行多个条件的数据筛选呢？只需 4 步：首先在专有的区域中设置多个筛选条件，其次启用高级筛选功能，接着添加筛选条件区域，最后确认筛选。

下面一起来解决面试主管提出数据筛选要求：筛选出 2019 年 3 月 15 日后，销量在 450 台以上、销售金额在 200000 元以上的数据，操作步骤如下所述。

第 1 步：下载"第 3 章/素材/销售报表.xlsx"文件，在表格中输入筛选条件，如下左图所示。选择任一数据单元格，单击"数据"选项卡"排序和筛选"组中的"高级"按钮，如下右图所示，打开"高级筛选"对话框。

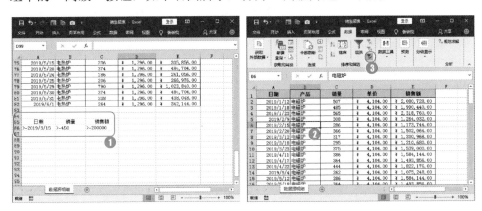

第 2 步：设置"条件区域"参数（可以手动输入单元格区域，也可以在表格中直接选择），单击"确定"按钮，如下左图所示，Excel 自动筛选出符号要求的数据，如下右图所示。

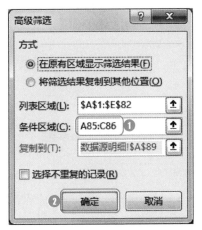

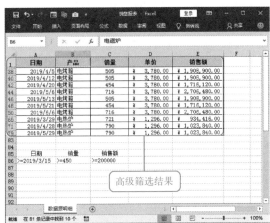

| 操作提示 | 筛选方式的选择与参数显示 |

两个条件的数据筛选，既可以用自动筛选，也可以用高级筛选，没有明确的限定，完全取决于自己的使用习惯。另外，条件区域的参数有两种显示方式，单元格区域显示或"表名+Criteria"。

3.4.5 筛选数据独立放置的两种高级操作

上一节是在数据原有区域中筛选结果，若要将筛选结果放置到当前表格的其他位置，可在"高级筛选"对话框中选中"将筛选结果复制到其他位置"单选按钮，在激活的"复制到"文本框中设置放置的起始单元格地址，如下图所示。

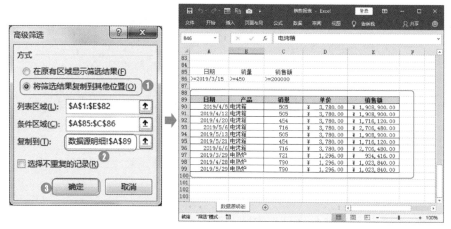

既然可以将筛选结果放置到当前表格的其他位置，那么是否可以将筛选结果放置到其他表格中呢？抱着试一试的心态，直接设置"复制到"的参数为其他表格中的单元格地址，看一看情况。结果显示只能复制筛选过的数据到活动工作表，如下图所示。

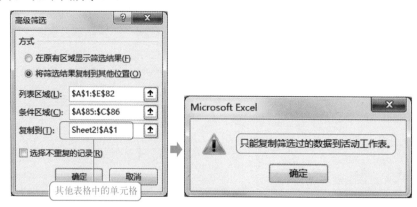

若想将筛选结果放置到其他表格中，笔者这里推荐一个选择技巧和一个显示粘贴方法。

1. 一个选择技巧

在高级筛选过程中无法直接将筛选结果复制到其他表格中，但可以通过一个选择技巧，成功突破这个局限，方法为：先切换到要放置筛选结果的表格，启动高级筛选功能，设置高级筛选的列表区域、条件区域和复制到位置参数，如下图所示。

2. 一个显示粘贴方法

放置到其他位置的筛选结果，可直接复制、粘贴到任意位置。若是筛选结果在原数据区域中，要将其复制、粘贴到其他位置，就需要一个显示粘贴方法。若直接选择筛选结果的数据单元格区域，复制、粘贴后的数据将会减少，如下图所示。

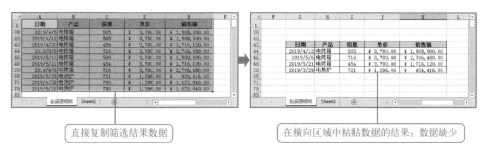

为什么会出现数据缺少，原因是部分数据被隐藏。在表格中可以直接看出问题所在：粘贴数据在筛选区域的横向，一些数据粘贴到隐藏行中。若要让筛选结果数据完整粘贴到表格中的其他位置，只需粘贴在筛选区域的纵向方向上。

3.4.6　高级筛选条件的"或"与"与"

高级筛选中的"或"与"与"条件。"或"表示多者满足其一，"与"表示多者全部满足。那么，在表格中输入多个筛选条件时，怎样来区分"或"与"与"呢？如下图所示。

第 4 章

直线提升表格颜值

本章导读

随着技术发展和消费升级，绝大部分产品都会面临着转换升级，不再像以往那样单纯讲究实用性，还要追求实用性与观赏性、创新性的结合。

作为表格的制作者，必须顺应时代的发展，提升表格的颜值，使其更具有观赏性和创新性，更具商务特质。

在本章中笔者将会从 4 个方面分享快速提升表格颜值的技巧和方法。

知识要点

- 字号的不同层级搭配
- 互补色搭配
- 表格背景简约美
- 套用表格样式，细节要处理
- 网格线一定要显示吗
- 表头不一定居中对齐
- 添加图片装饰表格

- 近色搭配
- 对比色搭配
- 联合纯色填充与图案填充营造新视觉
- 表格样式不足，自定义弥补
- 边框添加的"三"字原则
- 添加形状装饰表格

4.1 字体搭配有讲究

字体格式是数据字形的直接展现，决定着表格的协调性与视觉舒适度。因此，字体格式的选用和设置就必须有一定的讲究。笔者将在下面的知识点中向大家展示。

4.1.1 中西文字体搭配规则

中西文字体分别对应中西文数据，其中，中文是汉字，西文包含英文字符、阿拉伯数字等。两种不同的字形搭配在一起，需要做到协调、不突兀。其中常用的搭配方式是衬线字体和非衬线字体的搭配。

知识加油站　**衬线字体和非衬线字体**

衬线字体和非衬线字体也被称为打印字体和非打印字体，或 serif 和 sans serif 字体（有装饰和没有装饰字体）。简单概括为：字体是否有笔锋、是否有回笔。若有则是衬线字体，反之则是非衬线字体，如下图所示。

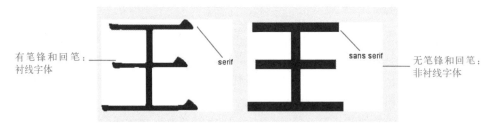

根据积累的表格美化经验，笔者向大家推荐几种中西文字体的搭配，如下表所示。

中文字体	西文字体
微软雅黑	Time new roman
宋体	Time new roman
楷体	Arial
汉仪润圆	Lora
汉仪新人文宋	Playfair
方正大雅宋	Bernard MT Condensed

　　虽然表格中可以对所有数据用统一字体，但这里的出发点和目标是让表格的协调性和视觉舒适度有明显提高，让表格的专业度、美观度提高一个层级。在日常的工作中，若遇到字体搭配非常舒服的表格，可以参考和借鉴。

　　笔者推荐两种捷径：一是参考主题字体的搭配组合（在"页面布局"选项卡"主题"组中单击"字体"下拉按钮，在弹出的下拉选项中可以查看到），如下左图所示。二是参考 Excel 自带的表格模板，如下右图所示。

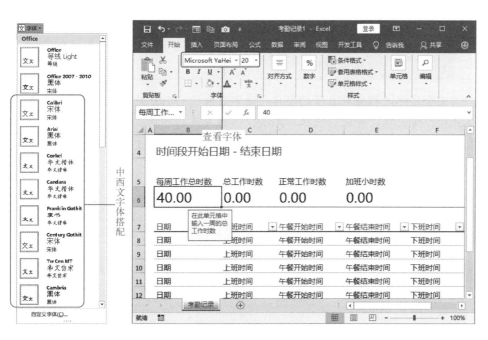

　　另外，若要将表格默认的字体、字号设置为"微软雅黑""10"（Excel 2016默认的字体、字号是"等线""11"）。只需打开"Excel 选项"对话框，选择"常规"选项，在"使用此字体作为默认字体"文本框中输入"微软雅黑"（或在下拉选项中选择"微软雅黑"），在"字号"文本框中输入"10"，单击"确定"按钮，如下图所示。

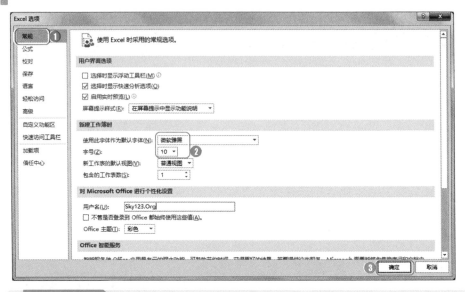

知识加油站 **安全字体**

安全字体是指微软自带的字体，通常在安装 Office 时自动安装到计算机字体库中，如宋体、仿宋、黑体、Arial。下载安装的字体，在其他计算机中未必会有，缺失的字体会被默认字体替换，导致表格样式发生变化（也就是设置的表格样式与读表者看到的表格样式不一致）。

4.1.2 字号的不同层级搭配

通用表格结构相对简单，主要分为 3 个层级：表头为一级，标题行为二级，数据主体部分为三级。通常情况下，一级（表头）字号最大、二级（标题行）字号次之、三级（数据主体部分）字号最小，如下图所示。

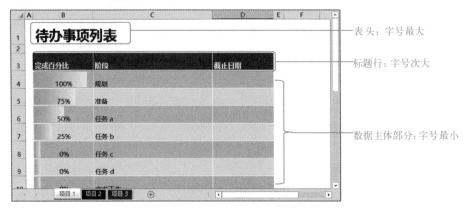

在一些表格中可让标题行的字号与数据主体部分的字号一样大。

需要强调：在没有特殊要求的表格中，表头、标题行和数据主体部分的字号大小要协调。这里推荐几组字号搭配，如下表所示（详见彩插）。

表头	标题行	数据主体
16	12	11
16	11	11
26	11	11
42	14	12
20	12	11

特色表格的字号搭配完全可以突破限制（主要针对具有表格设计经验和能力的高手，初学者请遵循上面的规则），下面展示几张随意搭配字号的特色表格。

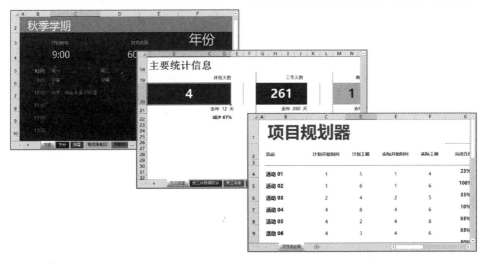

4.2　颜色搭配不随意

提到颜色搭配，很多读者会联想到艺术设计，如 PPT 设计、PS 设计等。表格中怎么会用到颜色搭配的知识呢？其实不然，作为专业的表格制作者，也需要掌握颜色搭配的技能，让领导、客户或同事看着舒服。这时，有些读者会问：表格中哪些地方有颜色搭配的讲究呢？主要有两类：一是表格样式（单元格底纹、字体颜色、边框线条颜色等），二是对象颜色（图表、形状、SmartArt 图等）。笔者根据多年经验总结，推荐下面 3 种搭配方式。

4.2.1 近色搭配

近色特指同类色或类似色。色环上任意 20°夹角范围内的颜色属同类色，色环上任意 60°夹角范围内的颜色属类似色，如下图所示（详见彩插）。

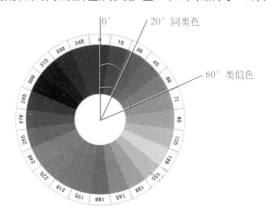

表格区域中的颜色搭配采用近色搭配，能让表格整体样式更加协调和统一。

⅄ 同类色（如以下两图所示）

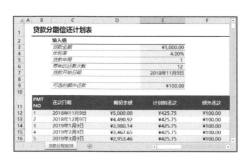

从 Excel 自带的表格样式中可以明显看出"浅色"（如下左图所示）和"中等色"（如下右图所示）系列在颜色搭配上是同类色搭配。

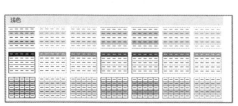
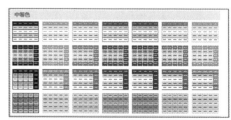

在下面的表格中可以看到类似色的实际搭配应用。

∀ 类似色（如以下四图所示，详见彩插）

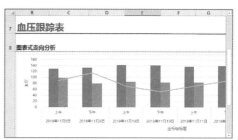
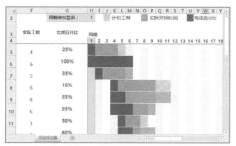

技术支招	**最安全的两种配色方案**

对于一般的表格，可以采用最传统也是最安全的两种配色方案：一是同色系的简单搭配，表头字体颜色最深，趋近墨黑，标题行底纹颜色较深，边框线条颜色较浅，如下左图所示；二是黑色简约，运用原色，标题行添加淡灰色填充底纹（或字体加粗），表格边框线条为淡灰色，如下右图所示。

4.2.2　互补色搭配

互补色，从光学角度是指以适当的比例可混合产生白光的两种颜色；从色彩角度是指相互调和能使色彩纯度降低变成灰色的两种颜色。无论怎样定义，都可以简单理解为色环上成 180° 的色彩，如下图所示（详见彩插）。

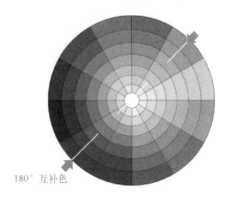

180° 互补色

常见的互补色包括：红-绿互补，蓝-橙互补，黄-紫互补、黄绿-红紫互补等，如下图所示（详见彩插）。

红绿互补　　　蓝橙互补　　　黄紫互补

下面展示几种采用互补色搭配的表格样式（详见彩插）。

　 红-绿互补　　　　　　　　　　　　　 蓝-橙互补

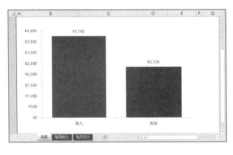

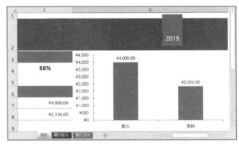

　 黄-紫互补　　　　　　　　　　　　　 黄绿-红紫互补

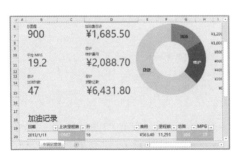

4.2.3 对比色搭配

对比色，色环上任意 120°夹角范围内的颜色。它能营造突出、醒目、具有视觉冲击力的外观样式，如以下两图所示。

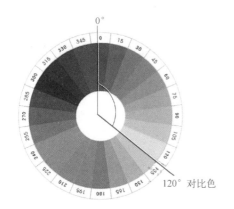
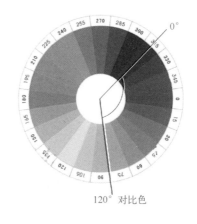

下面是采用对比色搭配的表格样式。

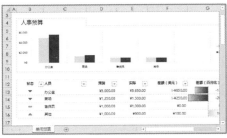

技术支招 **互补色和对比色灵活应用技能**

在应用互补色或对比色设置表格样式或图表样式时，需要注意 4 点：①对比色和互补色搭配时注意适当运用无彩色（黑、白、灰）或主色的同类色进行调和搭配。②在色彩搭配时注意参考色环，充分考虑色彩三要素（色相、纯度、明度）的灵活运用，切勿生搬硬套。③标题行或表头中，深色与白色可搭配出明亮的效果。④黑色、白色和灰色是基础色，可与更多颜色灵活搭配。

4.3　背景装饰的活用与创意

表格背景分为两类：颜色背景和图案背景。颜色背景通常用于行、列或单元格中（一般情况下，不建议对表格的整体背景进行设置）；图案背景主要用于局部或表格整体，用作底衬烘托，简洁的图案也可以用于单元格中，但要让其适用并有新鲜感，就需要有创意。

下面用两个小节的内容，分别讲解表格背景装饰的灵活运用。

4.3.1　表格背景简约美

表格整体背景通常不做过多设置，偶尔会将表格网格线取消显示，让背景更加简洁。但对于一些有特殊要求或个性的表格，需要添加背景颜色或图案，特别是图案，最好用一些相对简单的陪衬、烘托数据或主题。

千万要记住：数据才是关键，不能让背景图片喧宾夺主，避免出现因为背景图片或颜色使数据看不清楚、看不见或与表格主体样式不协调的情况。下面是两张用简约背景图片装饰的表格。

添加背景图片的操作方法为：单击"页面布局"选项卡"页面设置"组中的"背景"按钮，在打开的面板中选择"从文件"选项，打开"工作表背景"对话框，选择要插入的图片，单击"插入"按钮，如下图所示。

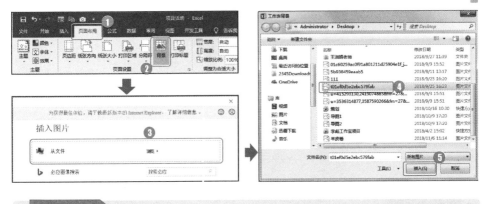

插入图片背景后，原有的"背景"按钮变成"删除背景"按钮，如下图所示，单击它可将表格的背景图片删除。

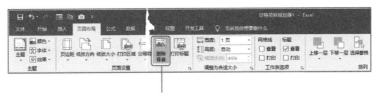

删除表格背景图片：单击

4.3.2　联合纯色填充与图案填充营造新视觉

单元格底纹填充，通常用于突显单元格中的数据。不过也可以单独应用，特别是与图案填充底纹联合应用，更有特色。

如下图所示，用纯色填充表示实际完成工期，用图案填充表示计划完成工期。可以明显看出各个项目的计划完成工期周数和实际完成工期周数。

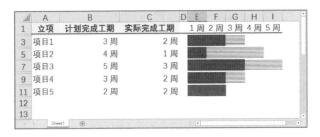

要让表格更加完整、直观和专业，可在表格中添加示意图（图案底纹代表计划完成工期、纯色填充表示实际完成工期），如下图所示。

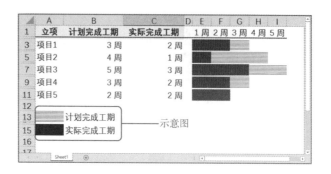

在上面的表格中，不仅可以直观地看出计划完成工期与实际完成工期的情况，而且整个表格整洁美观，没有出现底纹颜色"结块"的情况。这是因为在每一项目行之间插入了空白行，同时标题行与数据主体部分也由空白行隔开，直接体现了空白行的价值。

习惯用纯色填充底纹的读者，不禁会问彩色图案底纹怎么制作呢？方法非常简单：选择要填充彩色图案底纹的单元格区域，按〈Ctrl+1〉组合键，打开"设置单元格格式"对话框，在"填充"选项卡中单击"图案颜色"下拉按钮，在弹出的下拉选项中选择图案颜色，单击"图案样式"下拉按钮，在弹出的下拉选项中选择图案样式，最后单击"确定"按钮，如下图所示。

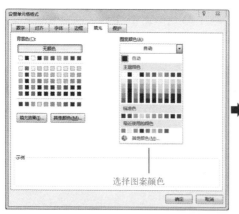

在"设置单元格格式"对话框中设置填充图案颜色和图案样式的顺序，可以随意调整，可先选择图案样式，再选择图案颜色，也可先选择图案颜色，再

选择图案样式。

4.4　做好细节设计

评价一件艺术品价值的高低，除了从整体考量外，鉴定专家还会进一步考究细节。表格设计也是这样，从细节处会体现出制表者的水准和用心程度。制表者应该在哪些细节用力呢？下面分别进行介绍。

4.4.1　套用表格样式，细节要处理

对表格整体样式进行设置的最快方式是套用表格样式自动对表格各个部分进行样式套用。虽然表格样式能做到这一点，但不要认为套用表格样式后，一切都万事大吉。对于成熟的表格制作者，需要根据情况做细节处理。

下面两种表格是直接套用表格样式后的效果，可以明显看出字体颜色等细节需要处理。如下左图标题行颜色太浅，下右图标题行颜色太深。

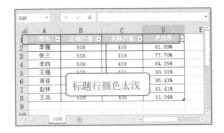

操作提示　**套用样式表格变得混乱的原因**

对已经设置填充底纹、字体颜色的表格套用样式，会让原表格的样式变得混乱或不美观，可能与颜色的增多或颜色叠加有关系。

细节处理一般分为3类：一是字体格式的设置（字体颜色、加粗、填充底纹等），二是取消下拉筛选按钮，三是转换为普通区域。

对于第一类情况，可手动对字体格式进行设置，如字体的设置、颜色底纹的重新设置、更改字体颜色等，方法非常简单，这里就不再赘述。在新的表格中建议先套用表格样式，然后手动设置格式，可有效减少操作步骤，节省时间。

对于第二类情况取消下拉筛选按钮，只需选择任一数据区域，单击"数据"

选项卡"排序和筛选"组中的"筛选"按钮，如下左图所示。或是单击激活的
"表格工具→设计"选项卡，在"表格样式选项"组中取消勾选的"筛选按钮"
复选框，如下右图所示。

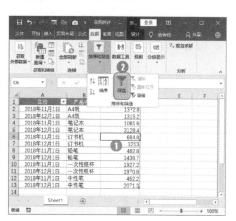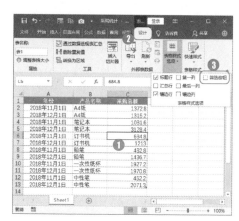

套用表格样式后，表格会自动转换为智能表格，要将其转换为普通区域（也
就是第三种情况），只需在"表格工具→设计"选项卡"工具"组中单击"转换
为区域"按钮，在打开的提示对话框中单击"是"按钮，如下图所示。

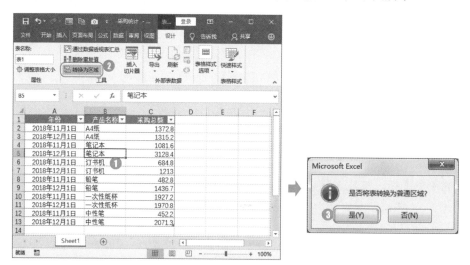

4.4.2　表格样式不足，自定义弥补

Excel 中自带的表格样式分为三大类（浅色、中等色和深色）共 60 个样式
模板，但仍不能满足所有的需求。Excel 的开发方考虑到了这点（有限的样式
不能满足无限的需求），提供了自定义样式。

方法为：单击"套用表格样式"下拉按钮，选择"新建表格样式"选项，打开"新建表样式"对话框，选择要设置样式的表格元素，如选择"标题行"选项，单击"格式"按钮，打开"设置单元格格式"对话框，在其中进行字体、边框或填充等设置，单击"确定"按钮，如下图所示。返回到"新建表样式"对话框中选择其他表元素进行格式设置，最后应用自定义的样式即可（方法与套用表格样式的方法一样）。

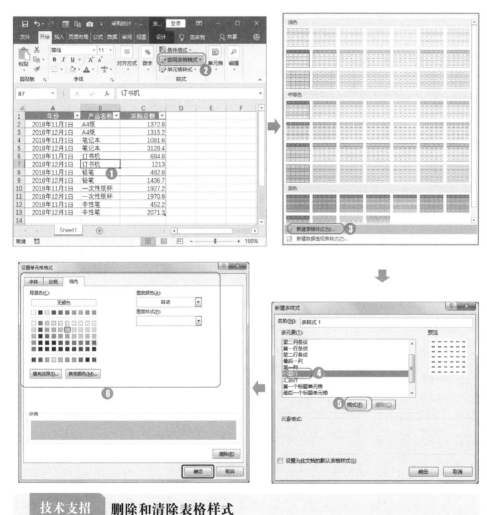

技术支招　**删除和清除表格样式**

对于不需要的表格样式，可以在其上单击鼠标右键，在弹出的快捷菜单中选择"删除"命令将其删除，如下左图所示。若要清除应用的表格样式，只需选中任一数据单元格，单击激活的"表格工具→设计"选项卡，单击"表格样式"列表框右侧的下拉列表按钮，在弹出的下拉列表选项中选择"清除"选项，如下右图所示。

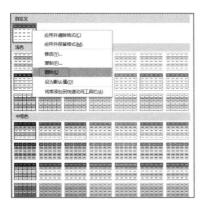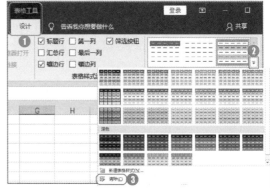

4.4.3　网格线一定要显示吗

表格中的网格线呈淡灰色，只能在计算机或其他移动设备上显示，无法直接打印出来。它的目的是分隔显示单元格，帮助用户看、读表格。常规表格通常会显示，对于一些较为特殊的表格，如单据或报表，可以将其隐藏，让其显示为打印样式，同时，也直接显示最终的打印效果。

从下图中可以直接看出隐藏网格线的前后对比效果，下左图为显示网格线的效果，下右图为隐藏网格线的效果。

4.4.4　边框添加的"三"字原则

一般表格的边框没有特殊要求，根据需要添加即可。但对于一些单据，边框添加有一定的讲究：总计行上下边框，标题行粗下边框，形成了一个"三"字。为了让标题行下边框线与加粗标题协调统一，下框线通常较粗。

一些读者可能会有这样的疑问：单据表格的边框必须按照这种"三"字原

则添加吗？并不是，只不过按"三"字原则添加边框，能让带"总计"行的单据表格更加专业、规范，更具国际范。

如下左图是添加一般边框的单据效果，下右图是按"三"字原则添加边框后的单据效果。

4.4.5　表头不一定居中对齐

在现实工作中看到的表格，表头大多是合并居中，起到提纲挈领、显示表格性质和主题的作用。但是经过多年的总结发现，在宽度较大的表格中表头左对齐或右对齐更好看一些，更具艺术范，如以下两图所示（如果表头居中对齐美观度就会下降一个级别）。

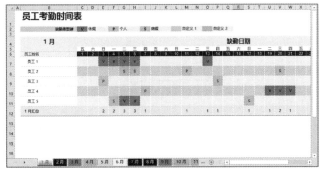

4.4.6 添加形状装饰表格

一些用户朋友会认为，表格中的形状必须用到"实处"，必须用来展示或表达什么、最起码也要放置文字等，虽然有些道理，不过稍微显得僵化。不妨把思路打开一下，将表格看成是一个"素颜的女子"，将形状作为耳环、项链等装饰品。如下两图是添加形状装饰的表头。

Excel 自带的形状只有几十种，而且还是一些基本形状，很多时候需要整理形状，如组合多个形状、编辑形状外形等。前者是将多个形状组合在一起作为一个整体图形（圆形+右箭头），如下左图所示；后者需要更改形状的线条弧度或外形样式。一些用户会选用其他绘图软件，其实对于简单的图形，只需编辑形状就可以了，Excel 完全能胜任。

如制作一个简易鼠标形状，如下右图所示，可以看出鼠标下半部分用"流程图：延期"形状绘制。上半部分的左、右键没有现成的形状，需要从其他形状"变化"而来。从外形观察可以发现左、右键与直角三角形接近。因此，可通过编辑直角三角形的斜边样式轻松完成。

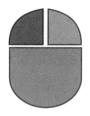

下面是将"直角三角形"编辑成鼠标上半部分的左、右键的操作步骤。

第 1 步：单击"插入"选项卡，然后单击"绘图"组中的"形状"下拉按钮，选择"直角三角形"选项，如下左图所示。

第 2 步：在表格中绘制"直角三角形"，单击"绘图工具→格式"选项卡，然后单击"编辑形状"下拉按钮，在弹出的下拉选项中选择"编辑顶点"选项，进入形状编辑状态，如下右图所示。

第 3 步：将鼠标指针移至右下角的点上，当鼠标指针变成 形状时，单击鼠标进入编辑状态，如下左图所示。

第 4 步：将鼠标指针移动到上面的控制柄上□，按住鼠标左键不放向右微调，直到三角形的斜边变成弧线，如下右图所示。

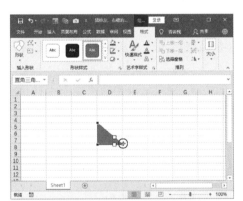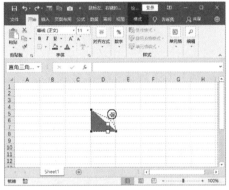

第 5 步：重复 3～4 步操作，调整直角三角形的顶角，让直角三角形的斜边直线变成弧线，如下图所示。

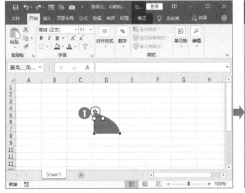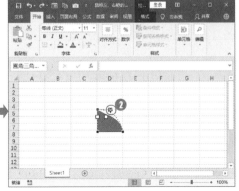

第 6 步：复制图形，单击"绘图工具→格式"选项卡，单击"旋转"下拉按钮，在弹出的下拉选项中选择"水平翻转"选项，如下图所示。

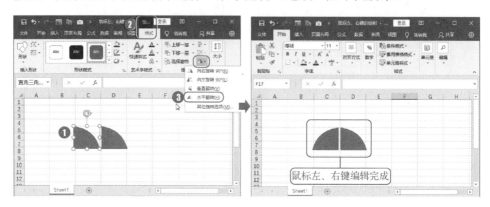

技术支招 **形状较小如何放大调整**

对较小形状细节进行调整时，由于显示区域太小特别不顺手，总是无法调整到想要的效果。怎么办呢？这里分享一个小技巧：将包含形状的局部单元格区域放大。方法为：选择形状所在的单元格区域，单击"视图"选项卡中的"缩放到选定区域"按钮局部区域被放大，形状显示比例同步放大，然后可进入形状编辑状态调整细节，如下图所示。

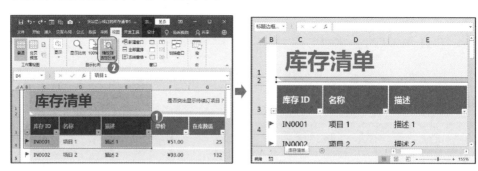

4.4.7 添加图片装饰表格

图片是非常实用、也是非常好用的表格素材之一，但在实际工作中，大部分制表者只会添加一些产品图片和 LOGO 图片。作为制表者，应学会灵活应用图片装饰表格，让其显示主题或衬托主题。

在表格中，添加创意图片按位置的不同分为两类：表头中和非表头中。直接目的有 3 个：一是让表格主题或表格数据更加直观形象；二是让表格内容更加丰富多彩；三是让表格更加个性化。图片的插入和图片大小的设置非常简单，这里就不再赘述。下面分别展示一组案例（详见彩插）。

ℳ 表头中添加创意图片

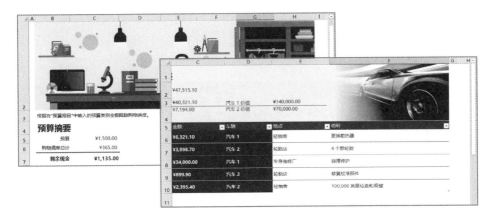

ℳ 非表头中添加创意图片

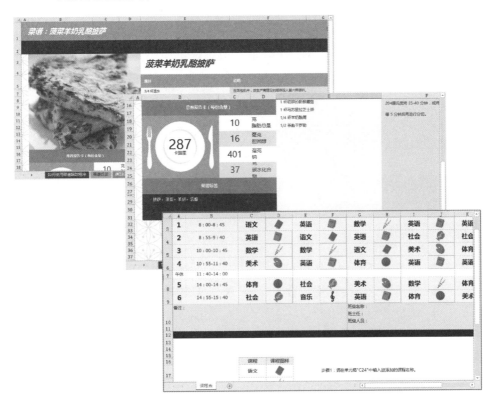

第 5 章

用好函数杜绝误算、错算

本章导读

很多用户一听到数据计算就感到焦虑、烦躁甚至是惧怕，因为其中会涉及公式函数，涉及数据的各种设置，最终还可能计算错误或无法正常计算。即使对于有公式函数操作基础的用户，有时也会被公式函数中的误算、错算搞得头大。

公式函数之所以让大家又爱又怕，原因归结于两点：一是对于新函数不知道如何快速学会并使用；二是出现误算、错算不知道怎么解决。

在本章中笔者着力这两点，帮助大家真正用好函数，杜绝误算、错算，快速成为一名计算能手。

知识要点

- 公式与函数是不是一回事
- 如何快速学会使用函数
- 函数结构必须完整
- 函数太长用名称
- 多层嵌套函数计算错误，分步检查更靠谱
- 函数 7 大错误值的应对方法
- 函数调用方法虽多，但也要分情况
- 常见的计算函数网上找
- 不能只看计算结果，要有追踪意识
- 参数为空，处理#N/A 的显示指定

5.1　用　好　函　数

计算是数据价值的第一生产力，所以，在 Excel 中会有那么多的函数帮助用户进行计算，学习和使用公式函数非常必要。不过，学会使用函数只是基础，作为制表者还必须知道如何将函数用好、用活，以减少和杜绝误算、错算。

5.1.1　公式与函数是不是一回事

在大家的惯性思维中，会将简单的加、减、乘、除等称为公式，将带有函数名称的表达式称为函数。

而在 Excel 中所有带有等号的表达式统称为公式，这样一来，函数也是公式，只不过是公式的一个分支，也就是公式包含函数。总体来说公式分为 3 种：引用表达式、简单运算表达式和函数表达式，如下图所示。

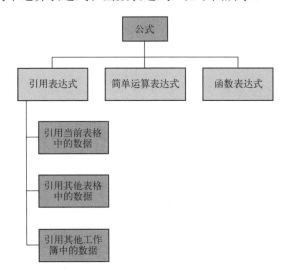

5.1.2　函数调用方法虽多，但也要分情况

Excel 中函数调用的方法有很多，如常见的"自动求和"下拉选项调用、首字母提示调用和直接输入等。在众多的函数调用方法中，哪一类调用方法更适合当前需要这很重要，也是高手的修炼必经之路，大家可以通过本小节的知识快速掌握这项技能。

1. 通过"公式"选项卡下的"自动求和"下拉选项调用

对于最常用的函数计算如"求和""平均值""计数""最大值"或"最小

值"，最快速的方式不是手动输入或在类函数下选择调用，而是直接在"自动求和"下拉选项中选择（若要调用 SUM 函数直接单击"自动求和"函数），即可调用该函数并能自动识别连续的数据单元格进行计算。

2．根据功能搜索函数调用

明确知道函数的功能，如四舍五入、排名、统计等，但不知道从哪里调用，可在"插入函数"对话中进行搜索，然后双击调用，如下图所示。

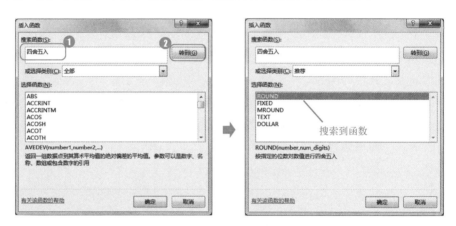

3．函数库中选择调用

若是知晓要用到的函数并知晓在哪一类函数中，只是不会拼写或想要借用"函数参数"对话框设置参数，这时可在函数库中调用。如下图所示在函数库中调用 VLOOKUP 函数。

4．输入首要字母调用

知晓要使用的函数，但不会拼写，明确知晓第 1～3 个字母，这时，可借助于 Excel 的提示浮动工具快速调用。方法为：选择目标单元格后，在编辑栏中输入第 1~3 个字母，在弹出的提示工具栏中选择要调用的函数。

如要调用 VLOOKUP 函数查找业务员的销售额，只需在编辑栏中输入"=VL"，然后在备选项中选择 VLOOKUP 函数即可，如下图所示。

5．直接输入函数调用

若是对要使用的函数完全知晓并会拼写，参数设置也非常清楚，可直接在编辑栏中输入该函数，一步到位。

例如，判断任务完成量是否达标，需要调用 IF 函数进行判断。在选择目标单元格区域后，在编辑栏中直接输入"=IF(C2>B2,"达标","不达标")"，按〈Ctrl+Enter〉组合键即可，如下图所示。

5.1.3　如何快速学会使用函数

Excel 中的函数有 300 多个，制表者不可能每一个都烂熟于心，同时，Excel 还会更新一些函数。因此，一旦出现自己不会的函数，不要着急，按照常规的方法了解它，学会它即可。很多高手都有自己的经验和方法，这里笔者推荐两种方法供大家选用：一是在对话框中即学即用，二是在帮助网页中进行学习。

例如，用第一种方式快速学习 ROUND 函数。在编辑栏中输入"=ROUND("，将指针定位在前括号后，单击"插入函数"按钮，打开"函数参数"对话框。接着将指针定位在对应的参数文本框中，对话框下侧即时出现该参数的对应信息，按要求设置参数即可，如下图所示。

例如，用第二种方式快速学习 ROUND 函数。在编辑栏中输入"=ROUND("，将指针定位在前括号后，单击弹出的函数超链接，在打开的帮助网页中就可以学习到 ROUND 函数的使用方法，如下图所示。

知识加油站 **网页搜索**

网页搜索答案是一种特别快捷的方式，函数也不例外，遇到不会或不清楚怎么使用的函数，打开搜索引擎输入函数，搜索答案即可。如果网页中找不到满意的答案，可以到一些论坛中提问，等待各路"大神"的回复。

5.1.4 常见的计算函数网上找

数据计算时，若遇到特别常用的计算函数，如个税、车贷、房贷等函数，可以在网上搜索，然后复制、粘贴到表格中对参数进行相应的修改，随即得到想要的计算结果，而不需要自己手动输入或调用函数。

如在工资表中需要计算个税，选择目标单元格区域后，在网上找到一个计算个税的嵌套函数并复制、粘贴到编辑栏中，如下图所示。

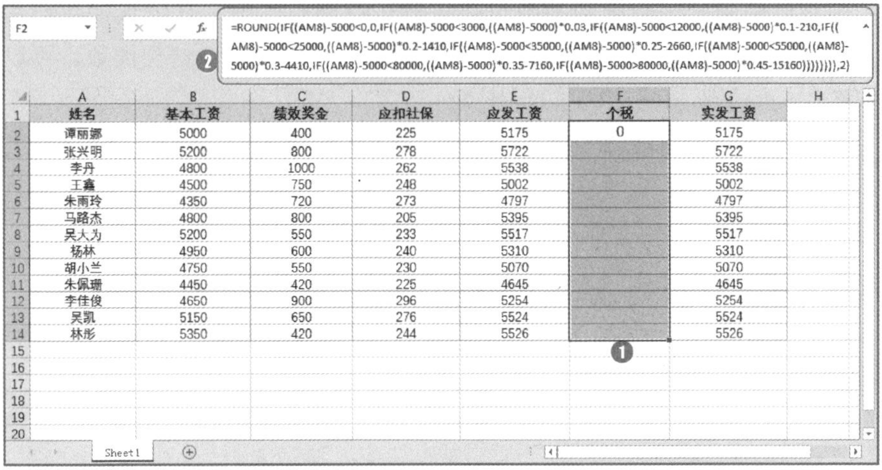

=ROUND(IF((AM8)-5000<0,0,IF((AM8)-5000<3000,((AM8)-5000)*0.03,IF((AM8)-5000<12000,((AM8)-5000)*0.1-210,IF((AM8)-5000<25000,((AM8)-5000)*0.2-1410,IF((AM8)-5000<35000,((AM8)-5000)*0.25-2660,IF((AM8)-5000<55000,((AM8)-5000)*0.3-4410,IF((AM8)-5000<80000,((AM8)-5000)*0.35-7160,IF((AM8)-5000>80000,((AM8)-5000)*0.45-15160)))))))),2)

姓名	基本工资	绩效奖金	应扣社保	应发工资	个税	实发工资
谭丽娜	5000	400	225	5175	0	5175
张兴明	5200	800	278	5722		5722
李丹	4800	1000	262	5538		5538
王鑫	4500	750	248	5002		5002
朱雨玲	4350	720	273	4797		4797
马路杰	4800	800	205	5395		5395
吴大为	5200	550	233	5517		5517
杨林	4950	600	240	5310		5310
胡小兰	4750	550	230	5070		5070
朱佩珊	4450	420	225	4645		4645
李佳俊	4650	900	296	5254		5254
吴凯	5150	650	276	5524		5524
林彤	5350	420	244	5526		5526

然后，在编辑栏中对参数进行相应的更改，如将 AM8 修改为 E2，然后按〈Ctrl+Enter〉组合键即可计算出员工的个税，如下图所示。

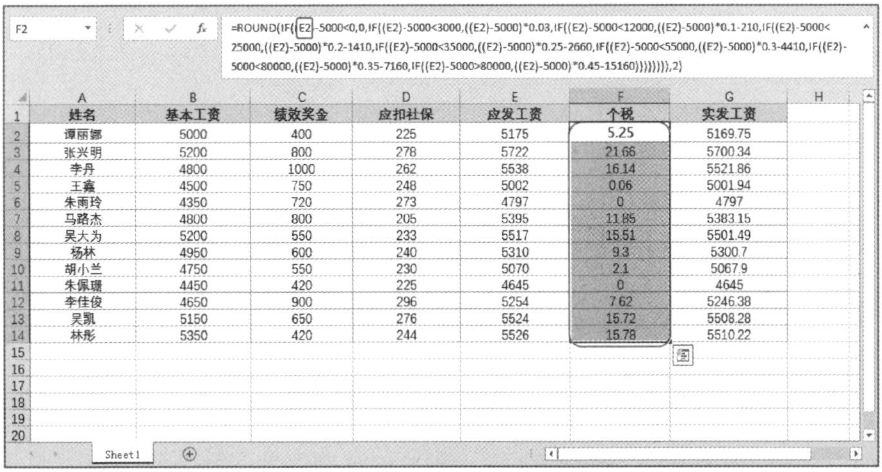

=ROUND(IF((E2)-5000<0,0,IF((E2)-5000<3000,((E2)-5000)*0.03,IF((E2)-5000<12000,((E2)-5000)*0.1-210,IF((E2)-5000<25000,((E2)-5000)*0.2-1410,IF((E2)-5000<35000,((E2)-5000)*0.25-2660,IF((E2)-5000<55000,((E2)-5000)*0.3-4410,IF((E2)-5000<80000,((E2)-5000)*0.35-7160,IF((E2)-5000>80000,((E2)-5000)*0.45-15160)))))))),2)

姓名	基本工资	绩效奖金	应扣社保	应发工资	个税	实发工资
谭丽娜	5000	400	225	5175	5.25	5169.75
张兴明	5200	800	278	5722	21.66	5700.34
李丹	4800	1000	262	5538	16.14	5521.86
王鑫	4500	750	248	5002	0.06	5001.94
朱雨玲	4350	720	273	4797	0	4797
马路杰	4800	800	205	5395	11.85	5383.15
吴大为	5200	550	233	5517	15.51	5501.49
杨林	4950	600	240	5310	9.3	5300.7
胡小兰	4750	550	230	5070	2.1	5067.9
朱佩珊	4450	420	225	4645	0	4645
李佳俊	4650	900	296	5254	7.62	5246.38
吴凯	5150	650	276	5524	15.72	5508.28
林彤	5350	420	244	5526	15.78	5510.22

5.2　减少误算、错算

公式函数在计算数据时，由于人为因素会出现误算、错算，这在商业活动中是不被允许的，因为一次误算、错算会给公司带来经济或其他方面的损失。作为专业的数据计算人员，一定要杜绝这类情况出现。

怎样杜绝呢？笔者总结归纳了下面几种解决方法，分享给大家。

5.2.1 函数结构必须完整

函数结构完整是指函数参数位数完整，特别是一些带有可选参数的函数（可选参数通常带有[]标识），最容易出现误算、错算。对于这类函数，可以不设置参数，但要添加英文逗号的占位符。

如以 VLOOKUP 函数为例，其最后一位参数 Range_lookup 为可选参数，可以设置也可以不设置，但是一定要在 Col_indexd_num 参数后添加英文逗号的占位符，否则将会出现数据不匹配，如下图所示。

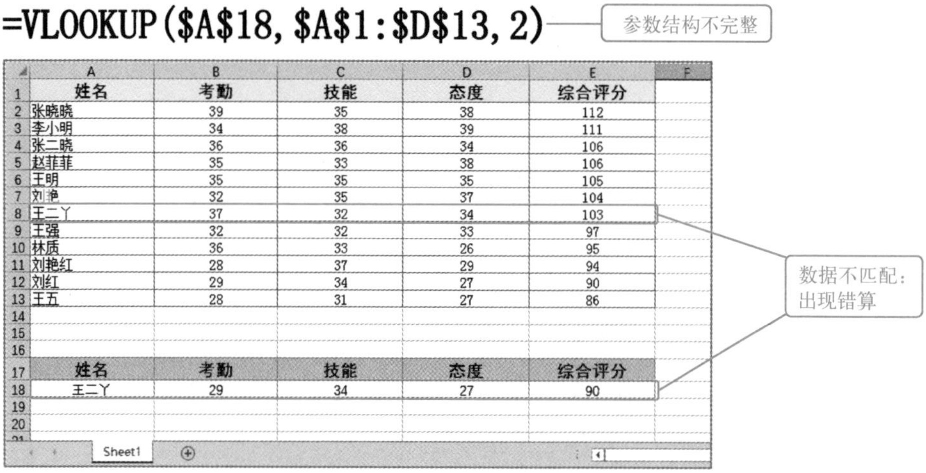

=VLOOKUP($A$18, $A$1:$D$13, 2) —— 参数结构不完整

	A	B	C	D	E	F
1	姓名	考勤	技能	态度	综合评分	
2	张晓晓	39	35	38	112	
3	李小明	34	38	39	111	
4	张二晓	36	36	34	106	
5	赵菲菲	35	33	38	106	
6	王明	35	35	35	105	
7	刘艳	32	35	37	104	
8	王二丫	37	32	34	103	
9	王强	32	32	33	97	
10	林质	36	33	26	95	
11	刘艳红	28	37	29	94	
12	刘红	29	34	27	90	
13	王五	28	31	27	86	
14						
15						
16						
17	姓名	考勤	技能	态度	综合评分	
18	王二丫	29	34	27	90	
19						
20						

数据不匹配：出现错算

在 Col_indexd_num 参数后添加英文逗号的占位符后，VLOOKUP 查找的数据实现正确匹配，如下图所示。

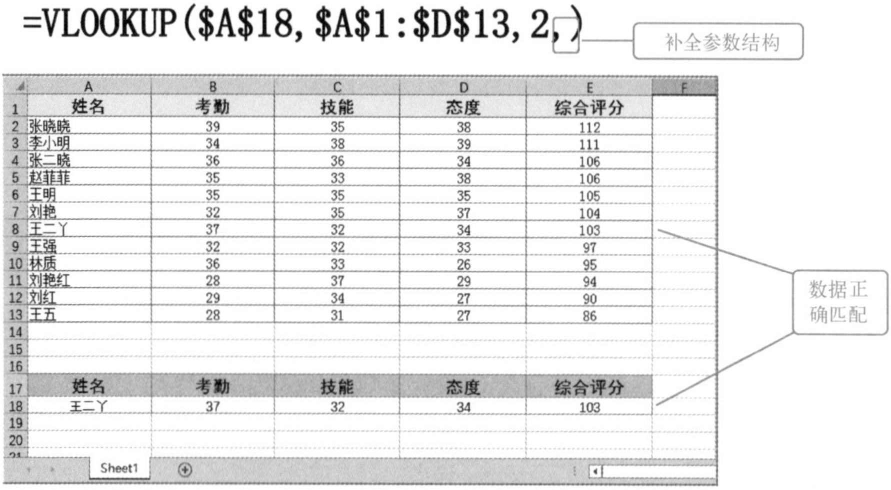

=VLOOKUP($A$18, $A$1:$D$13, 2,) —— 补全参数结构

	A	B	C	D	E	F
1	姓名	考勤	技能	态度	综合评分	
2	张晓晓	39	35	38	112	
3	李小明	34	38	39	111	
4	张二晓	36	36	34	106	
5	赵菲菲	35	33	38	106	
6	王明	35	35	35	105	
7	刘艳	32	35	37	104	
8	王二丫	37	32	34	103	
9	王强	32	32	33	97	
10	林质	36	33	26	95	
11	刘艳红	28	37	29	94	
12	刘红	29	34	27	90	
13	王五	28	31	27	86	
14						
15						
16						
17	姓名	考勤	技能	态度	综合评分	
18	王二丫	37	32	34	103	
19						
20						

数据正确匹配

5.2.2　不能只看计算结果，要有追踪意识

　　减少误算、错算，最重要的一点是追踪参与计算的数据单元格，防止参与计算的数据少了或多了甚至是错的。在表格中要检查计算指定单元格参与的数据单元格，最有效、最直接的方式是利用 Excel 的追踪功能。例如，在下面的表格中，冰箱销售额总和 G2 单元格已经有了计算结果，为了验证此结果是否正确，使用追踪引用单元格功能显示参与计算的数据单元格。

　　选择 G2 单元格，单击"公式"选项卡下的"公式审核"组下的"追踪引用单元格"按钮，Excel 自动标识参与到 G2 单元格计算的数据单元格：E4、E5、E6、E7，而 E4 单元格是电视的销售额，导致计算错误，如下图所示。

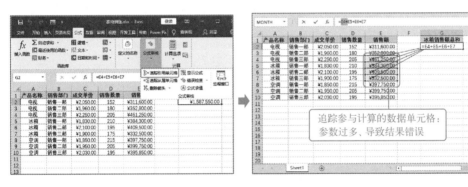

　　将公式中的 E4 单元格删除，G2 单元格的计算结果正确，如下图所示。

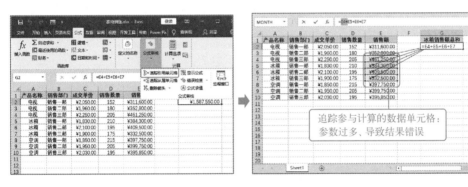

5.2.3　函数太长用名称

　　对于参数特别长的函数，特别是嵌套函数，如下图中的个税计算函数，要看明白或检查出其中的错误要花费很长的时间。这时，可以将函数参数定义为名称，用直观的名称来展示，尽最大努力让公式一目了然、一看就懂。

思路非常简单：将部分重复的参数或有规律的参数分别定义为名称。具体操作步骤用个税的函数为例进行说明。

第 1 步：选择"（E2）-5000<0"并复制，单击编辑栏中的取消按钮，再单击"公式"选项卡下的"定义名称"按钮，打开"新建名称"对话框，如下图所示。

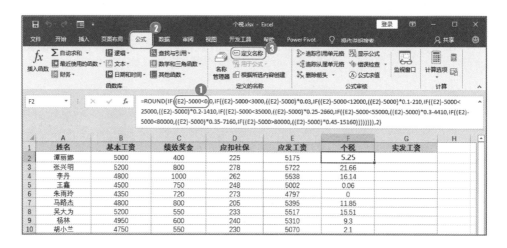

第 2 步：在"名称"文本框中输入"低于起征点"，在"引用位置"文本框中粘贴"=（E2）-5000<0"，单击"确定"按钮，如下图所示。

第 3 步：在函数中选择"（E2）-5000<0"，单击"用于公式"下拉按钮，选择"低于起征点"名称调用名称参与计算，如下图所示。

第 4 步：然后以同样的方法定义名称并进行对应的替换，最后按〈Ctrl+Enter〉组合键确认得出计算结果，如下图所示。

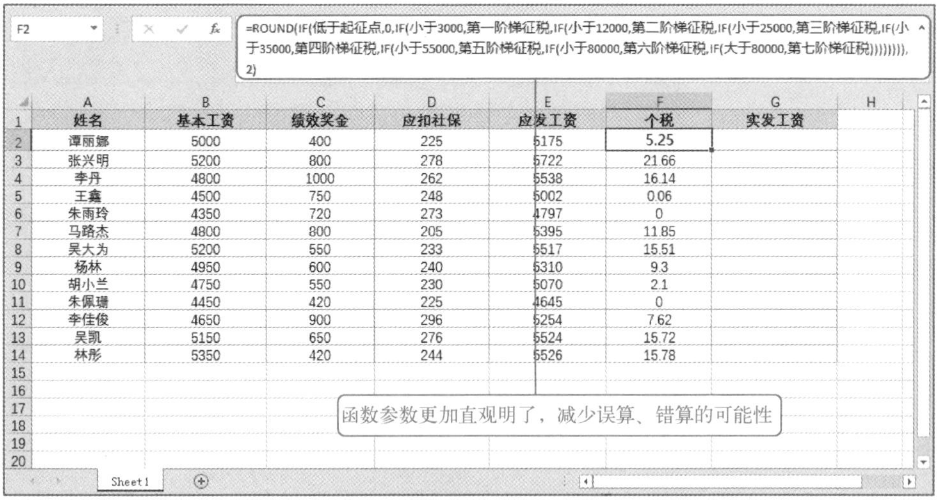

函数参数更加直观明了，减少误算、错算的可能性

知识加油站　**为什么公式越简单越好?**

在 Excel 表格中，公式简单有两个好处：一是容易检查，二是便于他人接手。一旦原有的 Excel 表格制作者离开目前的岗位，接替者很容易看懂、读懂公式，若是使用复杂公式，接替者要花更多的时间和精力。

5.2.4　多层嵌套函数计算错误，分步检查更靠谱

在检查函数或查找函数出错的具体位置时，手动检查费时费力，还可能检查不到错误，特别是多层嵌套函数。作为成熟的数据计算人员，这里推荐使用

分步检查功能。

例如，在销售业绩表中发现函数不能正常计算，导致结果错误，在此尝试用分步检查功能检查错误。

第 1 步：选择 C5 单元格，单击"公式"选项卡"公式审核"组中的"公式求值"按钮，打开"公式求值"对话框，单击"求值"按钮进入第 1 层嵌套求值，如下图所示。

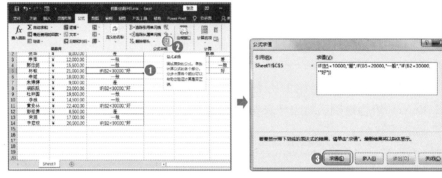

第 2 步：单击"求值"按钮依次分步求值，如下图所示。

第 3 步：单击"求值"按钮进入第 2 层嵌套参数求值，如下左图所示。

第 4 步：单击"求值"按钮进入第 3 层嵌套参数求值，然后单击"关闭"按钮，如下右图所示。

经过上面的分步求值检查，已将函数中的错误（错误值和错误参数）全部检查出来，如下图所示。

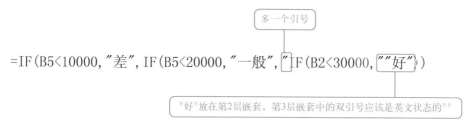

5.2.5　切实弄清数组函数的计算方式

数组（Array）是由一个或多个元素构成的有序集合，最明显的标识是"{}"，最直接的生成方式是按〈Ctrl+Shift+Enter〉组合键。其中分号表示一组数据，逗号表示一组数据中的组成数据。

在使用数组公式进行计算时，一定要弄清楚数组公式的工作原理，否则，将会出现计算错误。下面用几组简单图示展示不同数组的计算方式。

1．单值与数组之间的计算方式

单值与数组进行计算，只需逐一进行指定方式计算即可，如=3+{1,2,3,4}、=3+{1;2;3;4}，返回的结果分别为{4,5,6,7}、{4;5;6;7}，如下图所示。

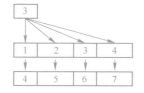

2．同方向一维数组之间的计算方式

同方向一维数组进行计算，直接按元素的位置逐一对应计算，如={1;2;3;4}×{2;3;4;5}、={1;2;3;4}>{1;2}，如下图所示。

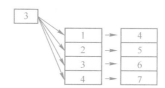

3．不同方向一维数组之间的计算方式

不同方向的一维数组进行计算，可简单理解为数组长度不一样，如第一个数组只有 1 组数据{1,2,3}，第二个数组包含 4 组数据{1;2;3;4}，它们两组数据相乘{1,2,3}×{1;2;3;4}，如下图所示。

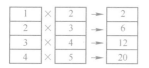

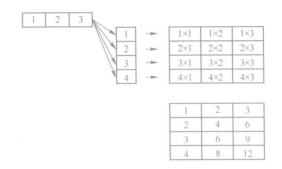

4．一维数组与二维数组之间的计算方式

一维数组与二维数组进行计算用一维数组分别与二维数组中的每一个数组对应计算，如{1;2;3;4}×{2,2,2,2;3,3,3,3}，如下图所示。

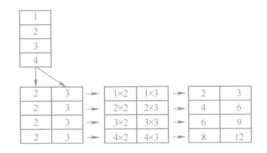

5．二维数组与二维数组之间的计算方式

二维数组与二维数组进行计算非常简单，逐一对应计算即可，如{1,2,3,4;5,6,7,8}×{2,2,2,2;3,3,3,3}，如下图所示。

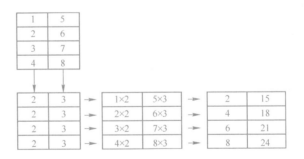

5.2.6　不要手动输入数字

使用公式计算数据的三大好处是：一是避免手动输入错误；二是利于公式追踪、检查；三是读表者容易看懂。因此，在计算数据时，不要手动输入数字，如下图所示。

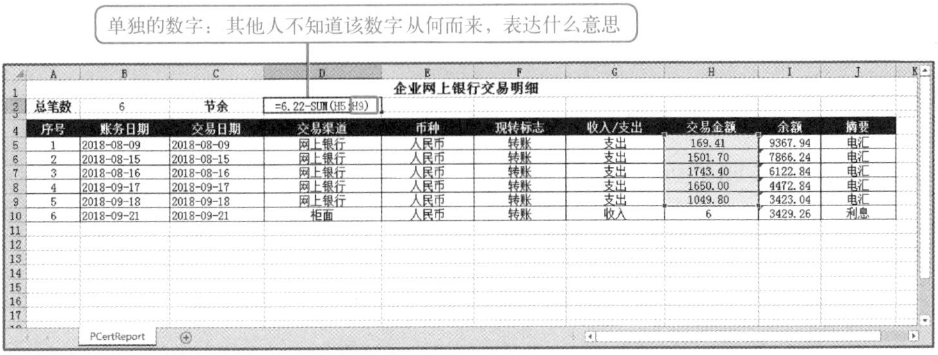
单独的数字：其他人不知道该数字从何而来，表达什么意思

企业网上银行交易明细

总笔数	6	节余	=6.22-SUM(H5:H9)						
序号	账务日期	交易日期	交易渠道	币种	现转标志	收入/支出	交易金额	余额	摘要
1	2018-08-09	2018-08-09	网上银行	人民币	转账	支出	169.41	9367.94	电汇
2	2018-08-15	2018-08-15	网上银行	人民币	转账	支出	1501.70	7866.24	电汇
3	2018-08-16	2018-08-16	网上银行	人民币	转账	支出	1743.40	6122.84	电汇
4	2018-09-17	2018-09-17	网上银行	人民币	转账	支出	1650.00	4472.84	电汇
5	2018-09-18	2018-09-18	网上银行	人民币	转账	支出	1049.80	3423.04	电汇
6	2018-09-21	2018-09-21	柜面	人民币	转账	收入	6	3429.26	利息

PCertReport

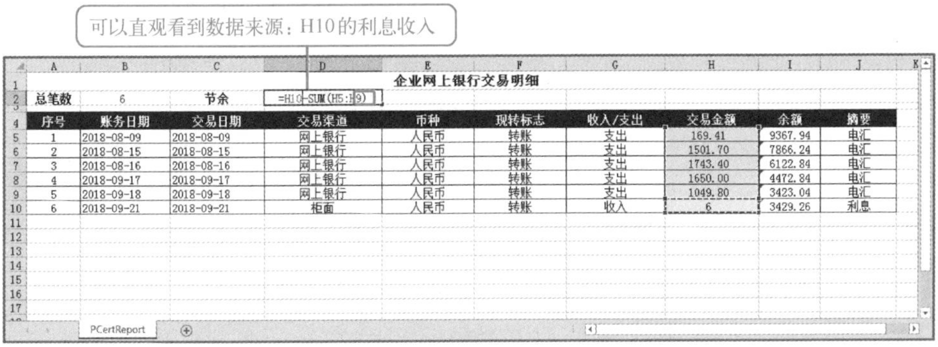
可以直观看到数据来源：H10的利息收入

企业网上银行交易明细

总笔数	6	节余	=H10-SUM(H5:H9)						
序号	账务日期	交易日期	交易渠道	币种	现转标志	收入/支出	交易金额	余额	摘要
1	2018-08-09	2018-08-09	网上银行	人民币	转账	支出	169.41	9367.94	电汇
2	2018-08-15	2018-08-15	网上银行	人民币	转账	支出	1501.70	7866.24	电汇
3	2018-08-16	2018-08-16	网上银行	人民币	转账	支出	1743.40	6122.84	电汇
4	2018-09-17	2018-09-17	网上银行	人民币	转账	支出	1650.00	4472.84	电汇
5	2018-09-18	2018-09-18	网上银行	人民币	转账	支出	1049.80	3423.04	电汇
6	2018-09-21	2018-09-21	柜面	人民币	转账	收入	6	3429.26	利息

PCertReport

知识加油站　团队合作时避免计算错误

在一些投资表格或计算复杂的表格中，团队合作十分常见，这时，要避免人为操作造成的错误，必须事先制定一套严格的计算操作流程规范，同时，安排专人做检查和提问，以避免团队合作时的计算错误。

5.2.7　提防自动重算关闭

公式高效、快速、准确计算的主要原因之一是 Excel 具有自动重算功能，能根据单元格地址引用的变化自动识别并获取数据参与计算。有时由于自动重新计算功能意外或人为关闭，也会造成计算错误。

如下左图所示的表格中，乍一看计算没有问题，单元格地址引用也没有问题，调用的函数也没有问题，但结果计算错误。如下右图所示是引用的函数和单元格，通过检查函数和对应的单元格就能判断计算结果是否错误。

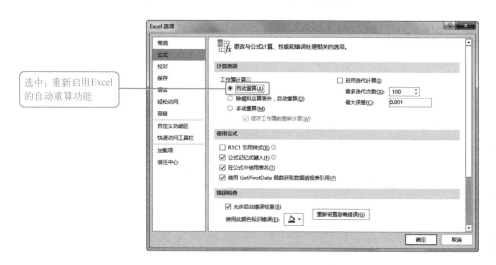

结果计算错误：乍一看没有错误　　　　　公式没有问题：函数和单元格引用都正确

有经验的 Excel 高手会知晓问题出在哪里：Excel 自动计算没有开启，当前是手动计算。解决方法有两种：一是在每一计算单元格中手动编辑或直接双击进入单元格编辑状态，让 Excel 重新计算（非常烦琐，费时费力）；二是重新开启自动计算功能，打开"Excel 选项"对话框，选择"公式"选项，选中"自动重算"单选按钮，然后单击"确定"按钮，如下图所示。

选中：重新启用Excel 的自动重算功能

5.2.8　函数 7 大错误值的应对方法

使用函数计算数据，经常会出现错误值，如#N/A、#NAME?、#NULL!、#REF!、#VALUE!等，导致无法正常得到结果。很多用户感觉到无能为力或找不到问题所在。

在 Excel 中错误值大体有 7 类，每一类错误值都有对应的出错原因和解决方法，下面分别进行介绍。

1）错误结果：#DIV/0!

　　出错原因：除数为 0。

　　解决方法：更改除数为非零值。

2）错误结果：#N/A

　　出错原因：参数不完整或过多。

　　解决方法：完善函数参数。

3）错误结果：#NAME?

　　出错原因：找不到对应的函数或名称而出错。

　　解决方法：检查函数名称是否错误或参数拼写是否错误。

4）错误结果：#NULL!

　　出错原因：使用不正确的区域运算符。

　　解决方法：对计算区域进行查看和完善，避免空值的产生。

5）错误结果：#NUM!

　　出错原因：使用无效数字/值。

　　解决方法：将参数设置为正确的数值范围和数值类型。

6）错误结果：#REF!

　　出错原因：单元格引用无效。

　　解决方法：检查被引用的单元格或区域、返回参数的值是否存在或有效。

7）错误结果：#VALUE!

　　出错原因：参数错误或参数类型错误。

　　解决方法：修改公式函数的参数或参数类型。

技术支招　######不是计算错误

在一些计算结果中会出现######，不能直接显示计算结果，一些用户会将其归咎于计算错误，其实它只是因为单元格列宽不够造成的结果数据无法正常显示，公式计算没有任何错误，这时只需将单元格的列宽调整到合适宽度即可。

5.2.9　参数为空，处理#N/A 的显示指定

使用 VLOOKUP、LOOKUP、INDEX、CHOOSE 或 MATCH 函数查找匹配数据，查找的参数为空时（查找关键字为空），表格查找值会显示为#N/A。如下左图所示是 VLOOKUP 函数参数不为空的显示结果，如下右图所示是函数参数为空的显示结果。

虽然是正常的结果显示，但在工作表格中不应这样显示，这时可借助于 IFERROR 函数让 VLOOKUP 函数的参数为空时，结果#N/A 显示为空。方法非常简单：为 VLOOKUP 函数外嵌 IFERROR 函数（其他函数通用），如下图所示。

在编辑栏中修改函数为"=IFERROR(VLOOKUP($A$15,$A$1:$E$12,4,0),"")"，按〈Ctrl+Enter〉组合键确认，如下左图所示。A15 单元格参数为空时，B15:C15 单元格中的#N/A 不再显示，而是显示为空，如下右图所示。

5.2.10　借用合并计算的内核函数

表格中的一些误算、错算，多数原因是人为操作失误造成的，为了有效地避免，可以借助内嵌函数的功能，如合并计算。单张或多张表格数据的合并计算，可以让 Excel 自动识别数据并归类计算。

1．单张表格数据合并计算

如下图中要将 A～C 类产品分别进行销量求和统计，虽然可以使用 SUM 或 COUNTIF 函数分别统计求和，但分类合并计算能一步到位，不会出现误算、错算。

	A	B	C	D
1	日期	品种	产量（件）	
2	2018/12/1	A产品	100	
3	2018/12/2	C产品	250	
4	2018/12/4	D产品	180	
5	2018/12/5	B产品	230	
6	2018/12/7	C产品	270	
7	2018/12/8	B产品	310	
8	2018/12/9	A产品	150	
9	2018/12/10	D产品	200	
10				
11				
12				
13				

	D	E	F	G	H
1			产量（件）		
2		A产品	250		
3		C产品	520		
4		D产品	380		
5		B产品	540		
6					
7					
8					
9					
10					
11					
12					
13					

具体操作步骤如下所示。

第 1 步：下载"第 5 章/素材/产量合并计算（单张表格中的合并计算）.xlsx"文件，选择 E1 单元格，单击"数据"选项卡，然后单击"合并计算"按钮，如下左图所示。打开"合并计算"对话框，将指针定位到"引用位置"文本框中，如下右图所示。

技术支招　合并单元格的起始单元格

合并计算会将计算结果放置到其他区域，因此，在进行合并计算前需要选择合并计算结果放置的起始位置，如本例中 E1 单元格就是合并计算结果放置的起始位置。

第 2 步：在表格中选择 B1:C9 单元格区域，单击"添加"按钮，勾选"首行"和"最左列"复选框，单击"确定"按钮，如下图所示。

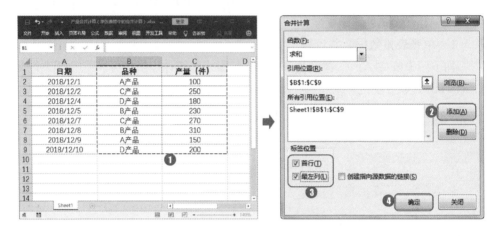

2. 多张表格数据合并计算

如下图中要将 3 个车间的生产数据按不同产品汇总求和，每一张表格中有多项同类产品，各车间中又会有多项同类产品。要对其进行归类汇总，使用函数非常烦琐、易犯错误。

一车间产品生产数据

二车间产品生产数据   三车间产品生产数据

此时，使用合并计算功能进行跨工作表的数据合并计算。

第 1 步：下载"第 5 章/素材/合并计算（多个工作表合并计算）.xlsx"文件，将"车间汇总"工作表 A1 单元格作为合并计算放置的起始位置，如下左图所示。单击"数据"选项卡，然后单击"合并计算"按钮，打开"合并计算"对话框，如下左图所示。

第 2 步：依次将"一车间""二车间"和"三车间"的生产数据区域 B1:C9 添加到"所有引用位置"列表框中作为合并计算的数据，勾选"首行"和"最左列"复选框，单击"确定"按钮，如下右图所示。

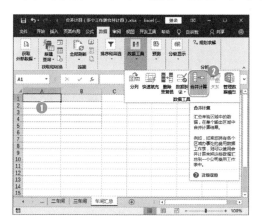

第 3 步：经过上面的操作，Excel 自动将 3 个车间的数据进行分类汇总求和，如下图所示。

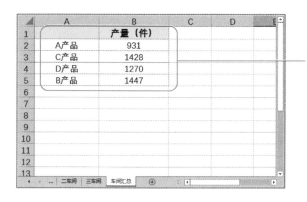

干净利落、高效准确地计算出多个表格中的多项同类数据

第 6 章

表格、数据都要管

本章导读

在本章中，将会按照实际工作要求，向读者介绍职场中有关表格和数据的管理规则，分享一些实用的经验和技巧，帮助读者告别低效和无效管理。让读者的 Excel 技能有一个质的提高，从而获得同事、领导和客户的认可、称赞。

知识要点

- 表格顺序要流畅
- 配套表格要齐全
- 多字段排序整理法
- 字段显示列 A、B、C
- 汇总项数据选择不能靠蛮力
- 突显整条数据项
- 类型和值的设置，更符合实际要求
- 表格类别要简洁
- 一步排序整理法
- 自定义排序
- 无意义的汇总最好别做
- 自由分组归类

6.1 表格自身要管理

工作簿在一定程度上就像是一个仓库，表格就像其中的物品。高手通常会将这个"仓库"整理得井井有条，让表格具有明显的条理性。那么高手是如何整理表格的呢？下面为读者介绍 3 个关键点。

6.1.1 表格顺序要流畅

领导或客户评判制表者制作的表格好不好，不仅仅是看数据计算得对不对、数据分析到不到位，还会凭感觉来判定。相信有很多朋友得到过很多"不错""非常不错"的评论，但始终得不到"好""非常好"的评论，这是为什么呢？这就是潜在的逻辑思维。

一个工作簿，怎样让领导或客户感觉"好"呢？很简单，只要做到表格放置顺序符合数字大小、字母排列顺序以及习惯思维即可，如 1～12 月、A～C 组、东南西北等。下面是几组表格顺序整理前后的对比图。

∨ 整理前

∨ 整理后

∨ 整理前

∨ 整理后

∨ 整理前

∨ 整理后

一些朋友可能会问，表格顺序不对，怎么调整呢？很简单，直接拖动工作表标签即可，方法如下：将鼠标指针放到需要移动位置的工作表标签上，按住鼠标左键不放，将其拖动到目标位置后，释放鼠标，如下图所示。

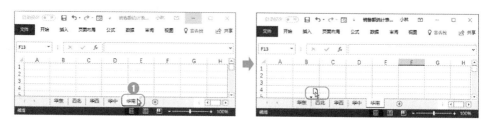

6.1.2　表格类别要简洁

工作簿中的表格类别要简洁，主要体现在 3 点：一是只有同类表格；二是表格项目性强；三是表格命名方式统一。

第 1 点很好理解，工作簿中只有同类表格，如考勤工作簿中，就只有月份、季度或年度考勤表格，没有其他数据表格。如下图所示两张图片因为工作簿中有其他不同类表格造成工作簿不简洁（初学者容易犯这项错误）。

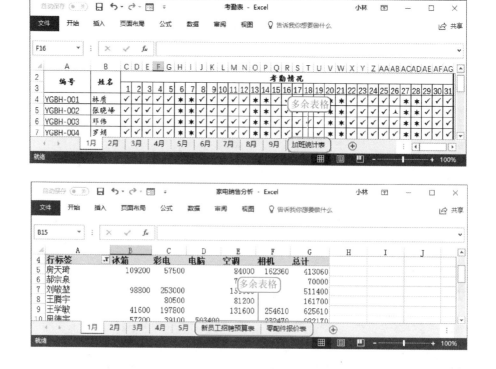

对于工作簿中的多余表格，最直接的方式是将其删除（若考虑数据会被再次用到，可将表格数据先复制到其他工作簿中保存），方法如下：在工作表标签上单击鼠标右键，在弹出的快捷菜单中选择"删除"命令，在打开的提示对话框中单击"删除"按钮，如下图所示。

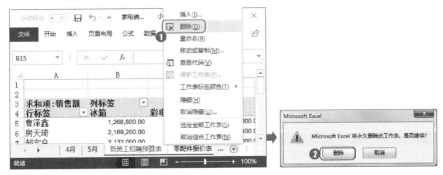

技术支招　同时选择多张表格

工作簿中有多张表格要删除时，可将它们一起选择，再执行删除操作，不用逐一删除，从而提高工作效率。怎样同时选择多张表格呢？只需在按住〈Ctrl〉键的同时单击工作表标签即可。

对于第 2 点（表格项目性强），有的工作簿中的表格非常零散，把同一项目中的字段数据放置在多张表格中，导致表格膨化、断裂，其实只用较少的表格就能合理放入所有字段数据。如下图所示为多个断裂式数据表格，导致工作簿表格冗余（Excel 不支持这种数据库式的表格放置方式，因为 Excel 不会为第三方软件提供数据查询接口），从而使得工作簿相对不简洁。

一种有效的解决方法是，按表格制作逻辑将多个工作表中的相关字段，安排在对应的表格中，如下图所示，可将"加班人员"表与"加班时间"表合并成一张表，甚至可以将 3 张表完全合并成一张表。

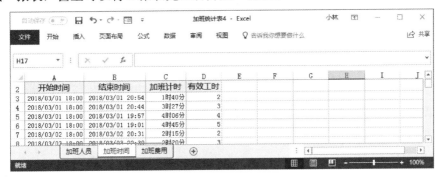

对于考勤情况表，需将 1 月每天的考勤表合并成 1 月总考勤表，与其他月份统一，如下图所示。

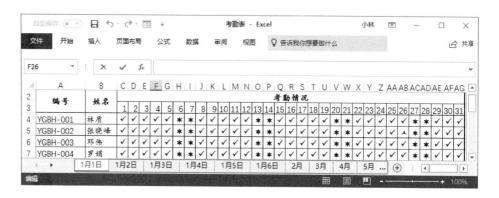

对于第 3 点（表格命名方式统一），如下图所示。需将表格的名称统一为一种命名方式，如将图中所有表格名称统一为一季度、二季度、三季度、四季度。

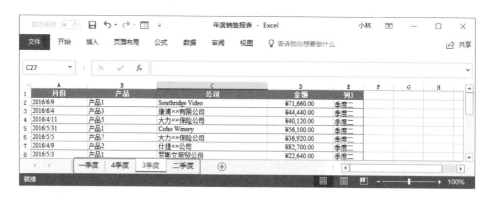

6.1.3 配套表格要齐全

在实际工作中，需要对表格进行系统化，即有一套完整的项目流程表格，例如，进销存管理工作簿需要进货管理表、销售管理表、库存管理表（还可以扩展两张表格：入库表、出库表）；又如，产品销售统计表工作簿需要网店统计数据表、实体店销售统计表及第三方代销统计表等；再如，年度考勤表中需要1～12 份的月份考勤表；等等。

如下图所示是几张配套较为完善的工作簿结构样式。

6.2　数据排列要清晰

　　表格中放置的数据可多可少，根据实际需要而定。不过，对于数据较多的表格，最好将其排列清晰。

6.2.1　一步排序整理法

　　数据单字段排序最简单，只需选择目标字段中的任一个单元格，单击"升序"或"降序"按钮，如下图所示，就能让表格数据具有条理性，笔者称这种排序方法为一步排序整理法。

如下图所示为一步排序整理前后的对比。

∨ 排序前

申购编号	名称	数量	单价	金额	订购日期	验收日期
BG-006221	显示器	2	¥ 936.00	¥ 1,872.00	2018/6/15	2018/7/1
BG-006222	投影仪	2	¥ 2,990.00	¥ 5,980.00	2018/6/16	2018/7/2
BG-006223	台灯	3	¥ 136.00	¥ 408.00	2018/6/17	2018/7/3
BG-006224	笔记本	6	¥ 68.00	¥ 408.00	2018/6/18	2018/7/4
BG-006225	显示器	4	¥ 680.00	¥ 2,720.00	2018/6/19	2018/7/5
BG-006226	硬盘	2	¥ 436.00	¥ 872.00	2018/6/20	2018/7/6
BG-006227	硬盘	1	¥ 436.00	¥ 436.00	2018/6/21	2018/7/7
BG-006228	台灯	8	¥ 136.00	¥ 1,088.00	2018/6/22	2018/7/8
BG-006229	台灯	10	¥ 136.00	¥ 1,360.00	2018/6/23	2018/7/9

采购数据分析饼图　采购记录表

∨ 排序后

申购编号	名称	数量	单价	金额	订购日期	验收日期
BG-006224	笔记本	6	¥ 68.00	¥ 408.00	2018/6/18	2018/7/4
BG-006230	笔记本	12	¥ 68.00	¥ 816.00	2018/6/24	2018/7/10
BG-006232	笔记本	9	¥ 68.00	¥ 612.00	2018/6/26	2018/7/12
BG-006235	打印机	5	¥ 116.00	¥ 580.00	2018/6/29	2018/7/15
BG-006237	打印机	3	¥ 116.00	¥ 348.00	2018/7/1	2018/7/17
BG-006223	台灯	3	¥ 136.00	¥ 408.00	2018/6/17	2018/7/3
BG-006228	台灯	8	¥ 136.00	¥ 1,088.00	2018/6/22	2018/7/8
BG-006229	台灯	10	¥ 136.00	¥ 1,360.00	2018/6/23	2018/7/9
BG-006234	台灯	8	¥ 136.00	¥ 1,088.00	2018/6/28	2018/7/14

采购数据分析饼图　采购记录表

很明显，按名称排序后的数据更有条理，看起来更顺眼。

操作提示　排序时为什么不选择单元格区域

对整个表格进行一步排序整理，只需选择指定字段中的任一单元格，不能选择单元格区域，因为选择单元格区域会让系统打开提示对话框，增加操作步骤，浪费时间，同时还会因为只对选定区域排序，而不是对整个表格数据的同步排序，导致整个表格数据错乱。

6.2.2　多字段排序整理法

在销售数据整理统计中常常遇到一种情况（数据分析岗位工作人员常常遇到），领导会让制表者按照部门、产品或工作组进行业绩数据整理。听起来非常简单的一句话包含的信息有 3 条：一是按部门整理数据，二是按业绩多少整理数据，三是以部门数据整理为主，业绩数据为辅。

面对这样的要求，一步排序整理法显然不够用，这时可采用 Excel 的多字段排序整理法。操作步骤如下所述。

第 1 步：选择任一数据单元格，单击"排序"按钮，打开"排序"对话框，选择"主要关键字"选项，这里选择"商品"，添加第一个排序字段（主要关键字），如下图所示。

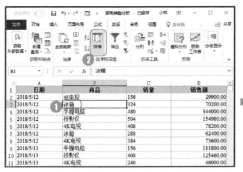

第 2 步：单击"添加条件"按钮，选择第二个排序字段（次要关键字），这里选择 "销售额"，单击"确定"按钮，完成操作，如下图所示。

操作提示　自由添加字段并设置排序方式

在实际工作中，可以根据需要重复第 2 步操作，将任意一个次要字段添加到排序整理项中，同时，还可以通过选择"次序"选项，设置数据的排列顺序（升序还是降序）。

6.2.3 自定义排序

一些较为特殊的情况下需要对表格中的数据按"自我意识"进行排列整理，也就是完全按照自己的想法来排序。这时其他方法都显得徒劳、烦琐，最简单的方式是使用自定义排序功能。

方法非常简单：选择排序字段的任意一个单元格，打开"排序"对话框，在"次序"下拉列表中选择"自定义序列"选项，打开"自定义序列"对话框，在"输入序列"文本框中输入自定义数据排列方式，最后单击"确定"按钮，如下图所示。

细心的读者会发现，"自定义序列"对话框中的"自定义序列"列表框中已经有一些排列方式，如果它们中的任意一项符合实际需要，可直接选择调用，不过不允许用户修改其中的序列，整个状态呈现不可编辑状态（灰色），如下图所示。

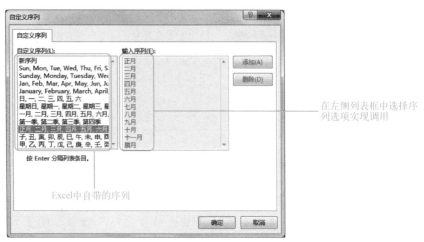

在左侧列表框中选择序
列选项实现调用

Excel中自带的序列

6.2.4 字段显示列 A、B、C

使用 Excel 多年的人会发现 Excel 有一个随机 BUG（漏洞），"排序"对话框中的"主要关键字"选项有时不显示标题行名称，而显示列 A、列 B 和列 C 等，如下图所示。

看到这种情况，很多人会关闭"排序"对话框，检查标题行数据在不在，然后再次打开"排序"对话框，发现主要关键字选项仍然为上图所示。面对这种情况，首选的方法是取消勾选"数据包含标题"复选框，再重新勾选一次，如下图所示。

若仍然不起作用，只能关闭 Excel 程序，再次打开工作簿，Excel 将自动纠错恢复正常。

6.3 数据归类有讲究

在 Excel 中要让数据按照类别集中的同时，以某种方式进行统计汇总，最有效、最简便的方式是分类汇总，在这里为读者分享 3 条数据归类的经验，它们来自于笔者多年的实际工作经验。

6.3.1 无意义的汇总最好别做

数据分类汇总有两层含义：第一层是分类，第二层是汇总。

根据第一层含义可以推断出，无意义的分类汇总具有两个明显的特征：一是没有同类，全是零散数据，分类汇总的结果只是将各条明细数据进行复制；二是没有进行归类，也就是表格中存在多条同类明细数据，但是没有被归类到一起，如下图所示。

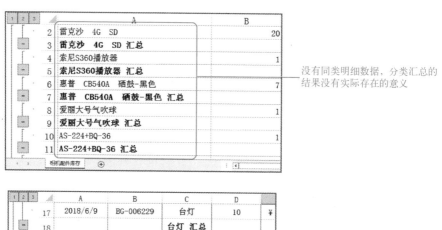

没有同类明细数据，分类汇总的结果没有实际存在的意义

在表格中可以看出第17行与第27行数据同类，第19行与第23行数据同类。由于没有进行同类整理，出现了无意义汇总

一些读者可能会问，怎样将同类数据整理到一起呢？其实很简单，一步排序整理法就可以实现，也就是对汇总字段（如名称、部门、类型等数据）进行升序或降序排列。

看到这里，读者心中自然会得出有意义的分类汇总的流程或方法，如下图所示。

第一步：
准备同类明细数据

第三步：
汇总

第二步：
排序归类

下面以分类汇总采购数据为例来展示具体的操作步骤。

第 1 步：下载"第 6 章/素材/设备采购.xlsx"文件，选择 B2 单元格，单击"升序"按钮 ↓↑ 整理数据分类，如下左图所示。

第 2 步：选择 B2 单元格，单击"分级显示"组中的"分类汇总"按钮，打开"分类汇总"对话框，如下右图所示。

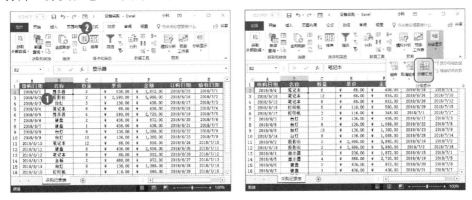

第 3 步：在"分类字段"下拉列表中选择"名称"选项，在"汇总方式"下拉列表中选择"求和"选项，在"选定汇总项"列表框中勾选"金额"复选框，取消勾选其他项复选框，单击"确定"按钮完成操作，如下图所示。

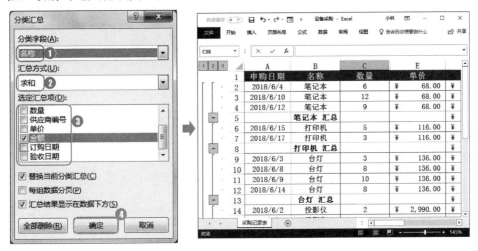

知识加油站 **多重分类汇总**

要在表格中进行多重分类汇总，只需再次打开"分类汇总"对话框，更改分类字段、汇总方式或汇总项，取消勾选"替换当前分类汇总"复选框，最后单击"确定"按钮即可。

6.3.2 汇总项数据选择不能靠蛮力

在一次面试招聘中，面试官要求应聘者把表格中各类渠道的交款数据进行整理，最后结果只有各类渠道的提款总数据。

整个操作很简单：先用 VLOOKUP 函数按照项目名称查找对应的交款数据，然后进行分类汇总，最后用选定方式将汇总项目选择粘贴出来就可以了。

对于数据查找和分类汇总，大家都能准确做出。最后一步的汇总项数据选择粘贴难倒了很多面试者，虽然，有几个面试者使用了数组函数，但是总体的感觉是大家都在使用"蛮力"笨办法。其实，方法很简单，只需借用定位条件的可见单元格功能，然后复制、粘贴即可，具体操作步骤如下所述。

第 1 步：单击汇总级别按钮 2，显示汇总项目数据，拖动鼠标选择汇总项数据所在的单元格区域，如下图所示。

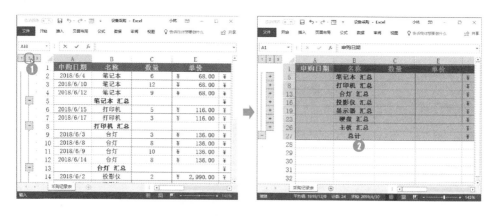

第 2 步：按〈Ctrl+G〉组合键打开"定位"对话框，单击"定位条件"按钮，打开"定位条件"对话框，选中"可见单元格"单选按钮，单击"确定"按钮，如下图所示。

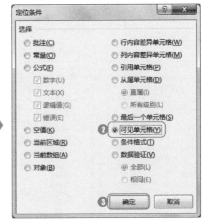

第 3 步：返回到表格中系统已将汇总项数据行全部选中，按〈Ctrl+C〉组合键复制，然后选择空白单元格区域按〈Ctrl+V〉组合键粘贴即可。

操作提示　**"搬运"自动筛选数据到其他位置**

复制、粘贴可见单元格数据到其他位置的方法，同样可以应用到自动筛选结果数据的"搬运"操作中，也就是将自动筛选结果数据复制、粘贴到其他位置。

6.3.3　自由分组归类

一些读者会问，在表格中分类必须有同类项吗？有时只想将数据进行指定分类作为一个组，不行吗？答案当然是可以的，Excel 是数据处理专家，这点小要求都不能满足，就不会是"实力派"软件了。怎样来实现呢？只需两步操作。

第 1 步：选择需要归为同类的数据行或列，如下图所示。

第 2 步：单击"分级显示"组中的"组合"按钮，将选择的数据行划为一组，如下图所示。

Excel 自动将选定数据区域划为一组，重复操作，将其他需要的数据划为一组，如下图所示。

6.4　数据条规要落地

条件格式或条件规则的通用操作非常简单，往往只需要几步。但是，在实际工作中，通用操作往往不太适用或不能完全满足实际需要。要想用活、用好条件格式，需要认真学习下面的几点知识。

6.4.1　突显整条数据项

直接使用条件规则突显指定数据选项，往往都是突显单个单元格，如下图所示。一般情况下，这种方法不太符合领导或客户的要求。

	A	B	C	D	E	F
2	产品	销售收入	销售成本	毛利		
3	CPU	¥　44,064.00	¥　43,161.12	¥　902.88		
4	CPU风扇	¥　29,156.00	¥　26,348.24	¥　2,807.76		
5	电源	¥　69,884.00	¥　66,136.47	¥　3,747.53		
6	耳机	¥　39,274.00	¥　38,117.40	¥　1,156.60		
7	光驱	¥　70,420.00	¥　66,252.15	¥　4,167.85		
8	机箱	¥　25,020.00	¥　24,307.95	¥　712.05		
9	键盘	¥　44,149.00	¥　42,434.84	¥　1,714.16		
10	内存条	¥　26,258.00	¥　25,853.46	¥　404.54		
11	摄像头	¥　348,046.00	¥　331,884.36	¥　16,161.64		
12	鼠标	¥　34,716.00	¥　34,455.92	¥　260.08		
13	显卡	¥　7,735.00	¥　7,346.07	¥　388.93		
14	显示器	¥　39,690.00	¥　39,475.04	¥　214.96		
15	音箱	¥　39,875.00	¥　36,511.65	¥　3,363.35		
16	硬盘	¥　18,905.00	¥　17,946.82	¥　958.18		
17	主板	¥　60,670.00	¥　57,483.97	¥　3,186.03		
18						

在实际工作中，往往需要的是下图所示的数据项突显格式。

产品	销售收入	销售成本	毛利
CPU	￥ 44,064.00	￥ 43,161.12	￥ 902.88
CPU风扇	￥ 29,156.00	￥ 26,348.24	￥ 2,807.76
电源	￥ 69,884.00	￥ 66,136.47	￥ 3,747.53
耳机	￥ 39,274.00	￥ 38,117.40	￥ 1,156.60
光驱	￥ 70,420.00	￥ 66,252.15	￥ 4,167.85
机箱	￥ 25,020.00	￥ 24,307.95	￥ 712.05
键盘	￥ 44,149.00	￥ 42,434.84	￥ 1,714.16
内存条	￥ 26,258.00	￥ 25,853.46	￥ 404.54
摄像头	￥ 348,046.00	￥ 331,884.36	￥ 16,161.64
鼠标	￥ 34,716.00	￥ 34,455.92	￥ 260.08
显卡	￥ 7,735.00	￥ 7,346.07	￥ 388.93
显示器	￥ 39,690.00	￥ 39,475.04	￥ 214.96
音箱	￥ 39,875.00	￥ 36,511.65	￥ 3,363.35
硬盘	￥ 18,905.00	￥ 17,946.82	￥ 958.18
主板	￥ 60,670.00	￥ 57,483.97	￥ 3,186.03

怎样实现呢？其实不难，只需将函数与条件格式进行结合，也就是在条件规则中应用公式函数。下面为大家举一个基础的例子，具体操作步骤如下所述。

第 1 步：下载"第 6 章/素材/6 月门店销售.xlsx"文件，选择 A2:D17 单元格区域，单击"条件格式"下拉按钮，选择"新建规则"命令，打开"新建格式规则"对话框，如下图所示。

第 2 步：选择"使用公式确定要设置格式的单元格"选项，在"为符合此

公式的值设置格式"文本框中输入函数"=$D2>=4000"，单击"格式"按钮，如下左图所示。

第 3 步：在打开的"设置单元格格式"对话框中，单击"填充"选项卡，选择淡橙色作为填充底纹，依次单击"确定"按钮完成操作，如下右图所示。

操作提示	**引用方式一定要准确**

要让条件格式突显整条数据项，关键在于公式函数的运用，本例中的公式虽然简单，但一定要注意单元格的引用方式：绝对引用列相对引用行。若更改为其他引用方式，条件格式效果将有可能无法正常显示（这也是调试条件格式的方法）。

对于单条件数字大小的判定，可以直接使用公式，若遇到需要对多个数字大小进行判定的情况，可使用 AND 或 OR 函数，如 AND(B2:D2)>4000 或 OR(B2:D2)>4000。

 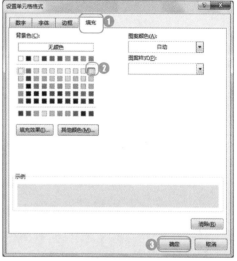

由于公式函数可以任意变换，所以，条件格式中应用不同的公式函数将会收获不同的样式，可以解决工作中各项实际存在的难题。如下面在条件格式中使用 FIND 函数，根据 F2 单元格中产品名称的变化，自动突显对应的数据选项，其具体操作步骤如下所述。

第 1 步：下载"第 6 章/素材/6 月门店销售 1.xlsx"文件，选择 A2:D17 单元格区域，单击"条件格式"下拉按钮，选择"新建规则"命令，打开"新建格式规则"对话框，如下图所示。

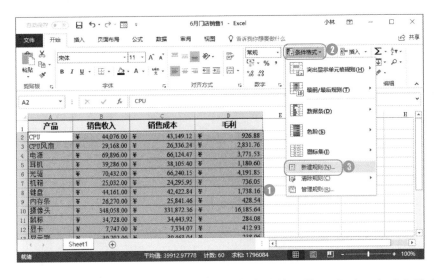

第 2 步：选择"使用公式确定要设置格式的单元格"选项，在"为符合此公式的值设置格式"文本框中输入函数"=FIND($F$2, $A2)"，单击"格式"按钮，如下左图所示。

第 3 步：在打开的"设置单元格格式"对话框中，单击"填充"选项卡，选择淡橙色作为填充底纹，依次单击"确定"按钮完成操作，如下右图所示。

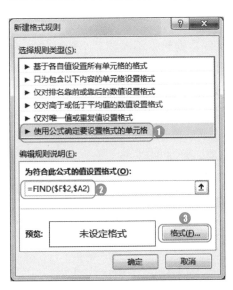

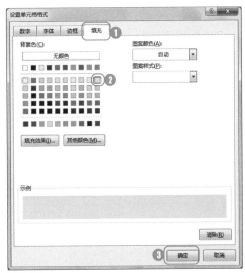

第 4 步：返回到表格中，可以看到第一条数据被突显，选择并单击 F2 单元格右侧的下拉序列选项按钮，在弹出的下拉选项中选择产品选项，这里选择"耳机"选项，Excel 自动将"耳机"数据选项突显，如下图所示。

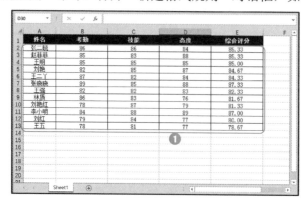

6.4.2 突显标识多个条件的数据行

表格中要突显两个或两个以上的指定条件数据时，不需要多个条件格式叠加使用，可以使用 AND 函数轻松解决。例如，在考勤表中突显标识所有考勤项得分在 83 分以上的整体数据项，操作步骤如下所述。

第 1 步：下载"第 6 章/素材/考勤动态报表（多条件格式突显）.xlsx"文件，选择数据主体部分 A2:E13 单元格区域，单击"条件格式"下拉按钮，选择"新建规则"命令，打开"新建格式规则"对话框，如下图所示。

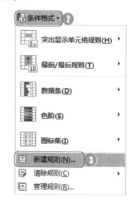

第 2 步：选择"使用公式确定要设置格式的单元格"选项，在"为符合此公式的值设置格式"文本框中输入函数"=AND($B2:$D2>83)，单击"格式"按钮，打开"设置单元格格式"对话框，单击"填充"选项卡，选择淡橙色作为填充底纹，依次单击"确定"按钮，完成操作，如下图所示。

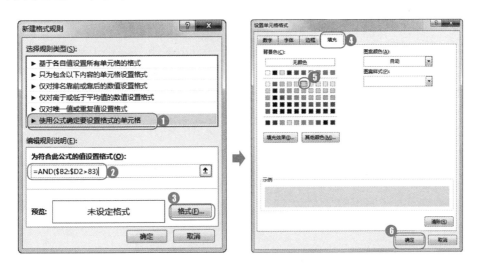

第 3 步：在表格中自动突显满足多个条件的数据行，如下图所示。

	A	B	C	D	E	F
1	姓名	考勤	技能	态度	综合评分	
2	张二晓	86	86	84	85.33	
3	赵菲菲	85	83	88	85.33	
4	王明	85	85	85	85.00	
5	刘艳	82	85	87	84.67	
6	王二丫	87	82	84	84.33	
7	张晓晓	89	85	88	87.33	
8	王强	82	82	83	82.33	
9	林质	86	83	76	81.67	
10	刘艳红	78	87	79	81.33	
11	李小明	84	88	89	87.00	
12	刘红	79	84	77	80.00	
13	王五	78	81	77	78.67	

技术支招　**引用错误导致结果错误**

在本例中使用 AND 函数对 B2:D2 数据进行同时判定时，一定不能将 B2:D2 的引用方式变成绝对引用，只能是对列绝对引用，对行相对引用，否则将会出现如下图所示的情况。

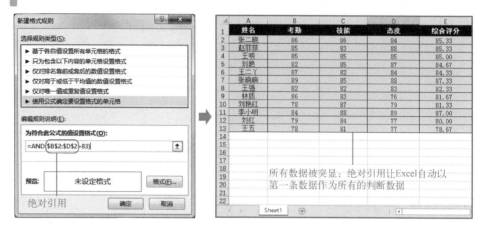

6.4.3　类型和值的设置，更符合实际要求

在指定数据区域中应用色阶或图标集来展示数据状态，有时效果并不理想，这是因为 Excel 中存在默认的数据范围界限（色阶的界限值是 50%；图标集的下限是 33%，中限是 67%，上限是 100%）。在工作中，可以根据实际需要对各个界限值进行设置，同时，还可以对参数类型进行设置，如下图所示。

更改条件格式类型或界限值，更改色阶或图标集的显示状态，让其更加符合工作需求

例如，在销售工作中，业务员的销售状况是上升、下降还是持平，通常情况下不是按照每一阶段的销售额占个人总销售额的比例来确定的，而是有明显的额或量的规定，这时，直接应用程序中默认的图标集状态样式明显不对，需要手动对图标集的类型和值进行设置，显示出正确的状态，其具体操作步骤如下所述。

第 1 步：下载"第 6 章/素材/销售业绩表.xlsx"文件，选择 B2:E16 单元格区域，单击"条件格式"下拉按钮，选择"管理规则"命令，打开"条件格式规则管理器"对话框，如下图所示。

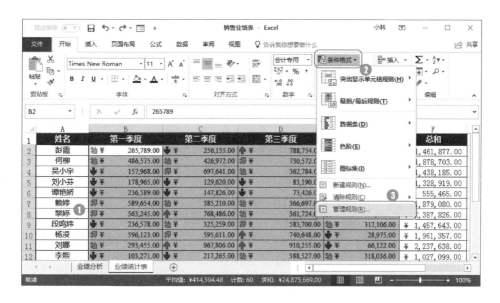

第 2 步：选择图标集选项，单击"编辑规则"按钮（或直接在图标集选项上双击），打开"编辑格式规则"对话框，如下左图所示。

第 3 步：更改"类型"选项为"数字"（单击下拉按钮，在弹出的下拉选项中选择"数字"选项），分别设置各个界限值，依次单击"确定"按钮，如下右图所示。

第 4 步：返回到表格中，即可查看到设置后的图标集样式更加符合数据的当前状态，如下图所示。

姓名	第一季度	第二季度	第三季度	第四季度	总和
彭霞	¥ 265,789.00	¥ 256,155.00	¥ 788,754.00	¥ 151,179.00	¥ 1,461,877.00
何柳	¥ 486,575.00	¥ 426,972.00	¥ 730,572.00	¥ 234,584.00	¥ 1,878,703.00
吴小宇	¥ 157,968.00	¥ 697,641.00	¥ 362,784.00	¥ 219,792.00	¥ 1,438,185.00
刘小芬	¥ 178,965.00	¥ 129,620.00	¥ 83,190.00	¥ 937,144.00	¥ 1,328,919.00
谭艳娇	¥ 236,589.00	¥ 147,826.00	¥ 73,426.00	¥ 97,624.00	¥ 555,465.00
赖婷	¥ 589,654.00	¥ 385,210.00	¥ 366,697.00	¥ 537,519.00	¥ 1,879,080.00
黎婷	¥ 563,245.00	¥ 768,486.00	¥ 361,724.00	¥ 694,371.00	¥ 2,387,826.00
段鸣炜	¥ 236,578.00	¥ 325,259.00	¥ 583,700.00	¥ 312,106.00	¥ 1,457,643.00
杨凌	¥ 596,123.00	¥ 595,611.00	¥ 740,648.00	¥ 28,975.00	¥ 1,961,357.00
刘娜	¥ 293,455.00	¥ 967,806.00	¥ 910,255.00	¥ 66,122.00	¥ 2,237,638.00
李熙	¥ 103,271.00	¥ 217,265.00	¥ 388,527.00	¥ 318,036.00	¥ 1,027,099.00
叶吕翔	¥ 776,517.00	¥ 144,447.00	¥ 772,934.00	¥ 569,584.00	¥ 2,263,482.00
郭娇红	¥ 497,018.00	¥ 794,842.00	¥ 195,353.00	¥ 505,642.00	¥ 1,992,855.00
龙腾	¥ 25,135.00	¥ 246,872.00	¥ 419,649.00	¥ 615,014.00	¥ 1,306,670.00
白小虎	¥ 533,655.00	¥ 192,420.00	¥ 304,940.00	¥ 667,855.00	¥ 1,698,870.00

操作提示 **本例中为什么是管理规则，而不是新建规则**

本例是在已有的图标集上进行更改设置，用户可在一开始就使用新建方法（单击"条件格式"下拉按钮，选择"图标集→其他规则"命令）。

6.4.4 巧做动态游标图

上一节讲解了条件格式在工作中的实际应用，本节将灵活应用条件格式制作动态游标图，在拓展条件格式应用的同时，增加趣味性，操作步骤如下所述。

第 1 步：下载"第 6 章/素材/游标图（条件格式）.xlsx"文件，制作游标图和数字输入区域，如下图所示。

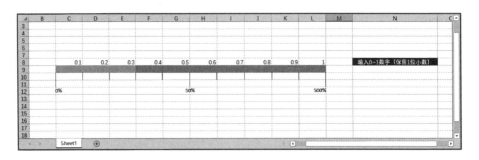

第 2 步：选择 C9:L9 单元格区域，单击"条件格式"下拉按钮，选择"新建规则"命令，打开"新建格式规则"对话框，选择"使用公式确定要设置格式的单元格"选项，在文本框中输入函数"=$N$9=C$8"，然后单击"格式"按钮打开"设置单元格格式"对话框，如下图所示。

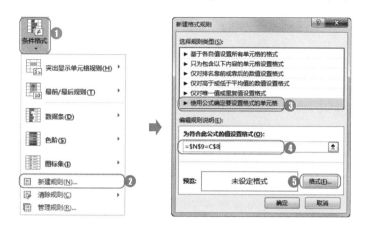

条件格式中的函数解析

在本例的条件格式中用到的函数解析如下。

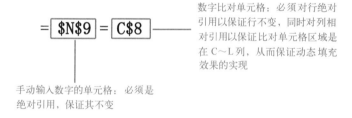

数字比对单元格：必须对行绝对引用以保证行不变，同时对列相对引用以保证比对单元格区域是在 C～L 列，从而保证动态填充效果的实现

手动输入数字的单元格：必须是绝对引用，保证其不变

第 3 步：单击"填充"选项卡，选择动态填充颜色选项，依次单击"确定"按钮，返回到表格中，在 N9 单元格中输入第 1 个数字"0.5"，如下图所示。

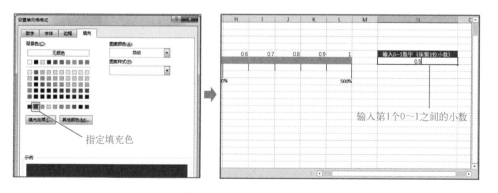

第 4 步：在 C9:L9 标尺单元格区域中自动填充选择的底纹，如下图所示。

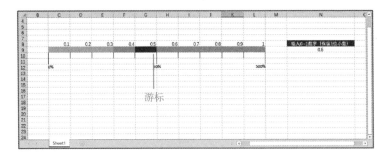

第 5 步：在 N9 单元格中随意输入数字，继续显示动态游标，如下图所示。

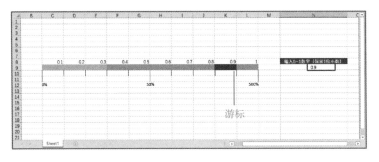

第 7 章

直线提升图表分析数据的力度

本章导读

　　Excel 中有三大分析数据的工具：图表、透视图表和迷你图。前两者是展示分析数据的主要工具，迷你图是嵌套在表格中的附属工具（图表的迷你版本）。不论是普通的表格使用人员，还是专业的数据分析师，都必须熟练地掌握它们并能在实际工作中灵活运用。

　　很多图表使用者都没有让图表发挥该有的分析数据的功能，绝大部分原因是对软件认识不够和实操经验不足。鉴于此，笔者在本章向读者介绍如何更好地运用图表，让每一位图表使用者的数据分析能力都有显著提升。

知识要点

- ⬧ 多用智能图表创建功能
- ⬧ 添加、减少数据系列，复制、删除最实用
- ⬧ 重要数据系列或扇区突出显示　　⬧ 系列太挤，调、调、调
- ⬧ 空白日期要省略　　⬧ 处理折线图中的断裂情况
- ⬧ 次坐标轴服务于数据展示
- ⬧ 复合图的第二绘图区作为补充显示区
- ⬧ 标题名称要抓关键点
- ⬧ 知晓数据透视表对数据源的基本要求
- ⬧ 4 类无意义的数据源
- ⬧ 创建数据透视表常用的两套方案
- ⬧ 多个数据源不要手动合并计算　　⬧ 字段数据灵活添加的 3 种方法
- ⬧ 字段数据添加顺序有讲究　　⬧ 适当创建共享缓存透视表
- ⬧ 横向与纵向迷你图　　⬧ 没有起伏的迷你图不如不做

7.1　图表展示分析数据更合理

图表是展示分析数据的首要工具，它简单又实用，瞬间就可以把抽象的数据直观化、形象化，深受数据分析师的喜爱，菜鸟级别的用户也喜欢使用。这里笔者主要在操作和分析效果上，教读者如何提高分析数据的能力。

7.1.1　多用智能图表创建功能

一些初学者或不熟练的用户，虽然知道分析数据的目的，但插入的图表经常不合适，让图表展示分析数据的效果打了折扣。怎样才能有效地提升图表的展示效果呢？推荐使用智能图表功能，该功能可以让 Excel 自动根据数据做出判定，而且可以添加图表元素和设置样式。如下左图所示的销售数据，Excel 自动推荐了 3 种图表：柱形图、条形图和直方图，如下右图所示。

 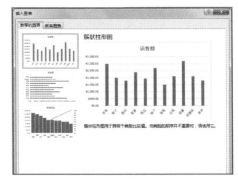

技术支招　**此处饼图不合适**

一些读者朋友会有疑问：为什么饼图没有被 Excel 推荐？因为此处的数据项有 12 行，超过了饼图的有效分析扇区数（6 个左右），这也是一些使用者容易犯的错误。

这里需要补充一点：除了选择数据直接单击"插入"选项卡"图表"组中的"推荐的图表"按钮，在打开的"插入图表"对话框中选择推荐的图表选项创建外，还可以通过数据分析库创建，操作方法如下图所示。

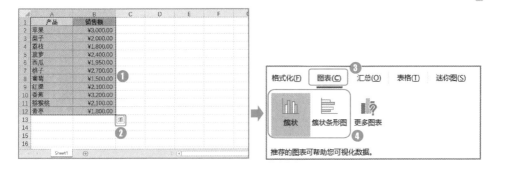

7.1.2　添加、减少数据系列，复制、删除最实用

要在图表中添加或减少数据系列，大部分使用者会想到更改图表数据源，虽然没有错，但是费时、费力，对于没有特殊要求的数据系列的添加或减少，最直接的方式是复制、粘贴和选择删除。

如下左图中要将"采购总额"数据添加到右侧的图表中。

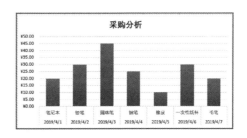

操作方法：复制 C1:C8 单元格区域数据，然后选择图表区按〈Ctrl+V〉组合键粘贴，如下图所示。

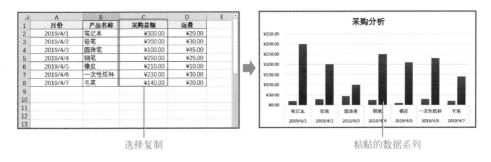

选择复制　　　　　　　　　　粘贴的数据系列

要减少图表中的数据系列，操作方法：选择要删除的数据系列按〈Delete〉键删除，如下图所示。

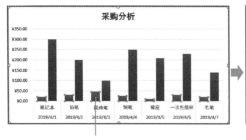

选择，然后按〈Delete〉键删除　　　　　　　　　橙色数据系列被快速删除

7.1.3　重要数据系列或扇区突出显示

要突出图表中的某一数据系列，最直接的方式是让其突出显示：不同颜色或位置出列。如下左图所示用颜色突出显示，如下右图所示将扇区位置出列，都达到了突出显示的目的。

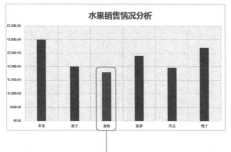

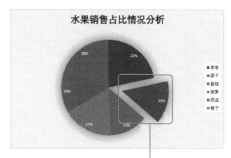

不同颜色：突出显示的单个数据系列　　　　　　　位置出列：突出显示的单个数据系列

用颜色突出显示图表中的指定数据系列，方法很简单：在指定的数据系列上连续单击两次（不是双击）将其选中，然后单击"开始"选项卡中的"填充颜色"下拉按钮，在弹出的拾色器中选择突出颜色，如下图所示。

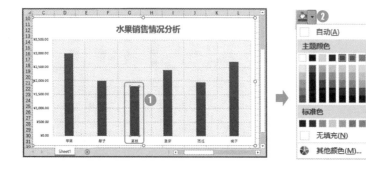

技术支招 **进一步突显**

除了用反差颜色突出显示要强调的数据系列外，还可以进一步突显：全世界都是灰的，只有你是彩色的，如下两图所示。

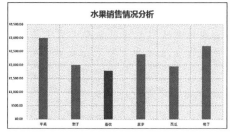

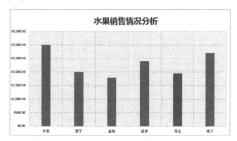

在饼图或圆环图中突出某一数据系列扇区，最直接的方式是让指定扇区位置出列。操作方法为：在指定数据系列扇区上连续单击两次将其选中，然后按住鼠标左键不放拖动出列，如下图所示。

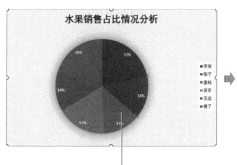

选择指定扇区：连续单击两次

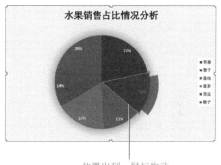

位置出列：鼠标拖动

7.1.4　系列太挤，调、调、调

在柱形图或条形图中，每一条数据系列代表一类数据项。若是数据系列之间的距离太近，会让人看起来不舒服。除了数据太多出现堆砌的情况外，一般情况下数据系列太挤是因为数据系列人为调整不当所造成的，如下左图所示。

为了让距离产生美，需要将数据系列"瘦身"，如下右图所示。

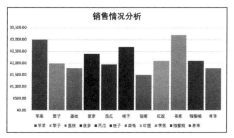

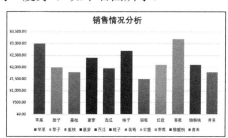

　　方法非常简单：在数据系列上单击鼠标右键，在弹出的快捷菜单中选择"设置数据系列格式"命令，打开"设置数据系列格式"窗格，拖动间隙宽度滑块或在其后的数值框中输入数值，如下图所示。

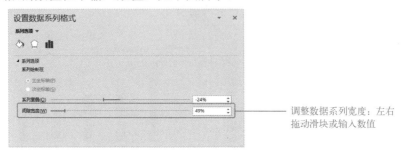

调整数据系列宽度：左右
拖动滑块或输入数值

7.1.5　空白日期要省略

　　在包含日期数据的表格中创建图表，如下左图所示，容易出现日期断点的情况，导致图表中出现空白数据系列，如下右图所示，直接影响图表的外观样式和数据展示。

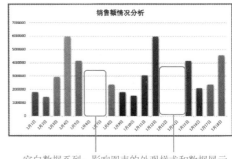

包含日期数据的表格：日期列　　　　　　　　　　空白数据系列：影响图表的外观样式和数据展示

　　一旦出现这种状况需要对坐标轴类型进行处理，让图表中的空白数据系列隐藏。方法为：在坐标轴上单击鼠标右键，在弹出的快捷菜单中选择"设置坐标轴格式"命令，在打开的"设置坐标轴格式"窗格中选中"文本坐标轴"单选按钮，图表自动隐藏空白的日期数据系列，如下图所示。

7.1.6　处理折线图中的断裂情况

随着 Excel 版本的不断升级，智能化也在不停地发展，其中就包括对断点折线图用 0 值自动修复连接。但偶尔也会出现折线图断点的情况，特别是图表数据源中出现空白数据时，会造成折线图不连续，影响数据系列的连续性和美观度，如下图所示。

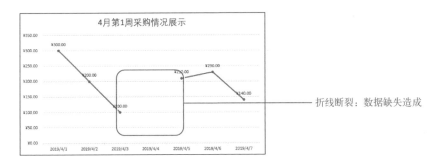

修复这类折线断裂的方法总共有 3 种：一是补全缺失的空白数据（最根本的方法）；二是让 Excel 以空值或 0 值自动修复；三是手动绘制直线连接。其中补全缺失的空白数据只需在对应的单元格中输入相应的数值即可，下面分别介绍其余两种方法。

1．让 Excel 以空值或 0 值自动修复

第 1 步：在数据系列上单击鼠标右键，在弹出的快捷菜单中选择"选择数据"命令，如下左图所示，打开"选择数据源"对话框，单击"隐藏的单元格和空单元格"按钮，打开"隐藏和空单元格设置"对话框，如下右图所示。

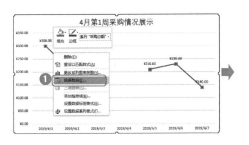

第 2 步：选中"用直线连接数据点"单选按钮，依次单击"确定"按钮，如下左图所示。

第 3 步：Excel 自动以指定方式连接折线图中的断点，如下右图所示。

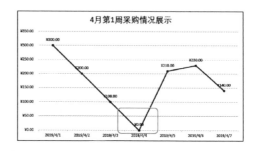

2．手动绘制直线连接

单击"形状"下拉按钮，选择"直线"选项，如下左图所示。在图表中绘制直线连接折线断裂的两端，修复折线图，如下右图所示。

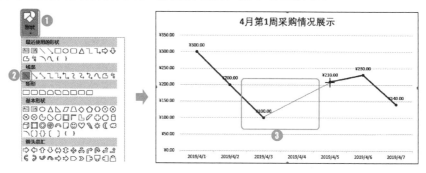

7.1.7　次坐标轴服务于数据展示

图表中有两类坐标轴：一是横坐标轴，二是纵坐标轴。纵坐标轴又分为两种：主坐标轴和次坐标轴。主坐标轴默认存在，次坐标轴需要手动添加。但一定要注意，次坐标轴是第二坐标轴，必须服务于它所要展示的数据，如下图所示。

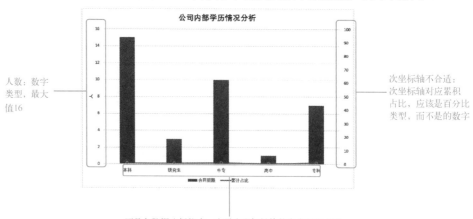

怎样做到次坐标轴服务于数据的展示呢？很简单，坚持两个原则：大小相当、类型相同。前者是指坐标轴的最大值与对应数据的最大值相当。后者是指数据类型相同，如数据是百分数，次坐标轴的数据类型就是百分数，如数据是数字，次坐标轴的数据类型就需要是数字。

具体操作步骤如下所述。

第 1 步：在坐标轴上双击，打开"设置坐标轴格式"窗格，展开"数字"下拉选项，选择"类别"选项为"百分比"，如下左图所示。

第 2 步：展开"坐标轴选项"下拉选项，在"最大值"文本框中输入"1.0"（最小值、大和小的数字自动变化），如下右图所示。

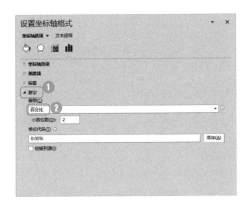 

第 3 步：次坐标轴刻度与主坐标轴刻度相对应，完全符合数据的展示需求，如下图所示。

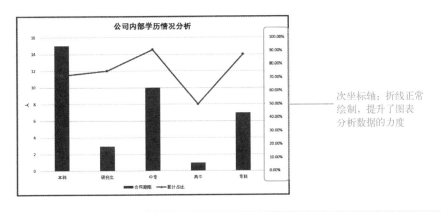

次坐标轴：折线正常绘制，提升了图表分析数据的力度

技术支招　添加次坐标轴

Excel 中添加次坐标轴有两种常用的方法：一是在"设置数据系列格式"

窗格中添加；二是在"更改图表类型"对话框中添加。

● 在"设置数据系列格式"窗格中添加：在数据系列上单击鼠标右键，在弹出的快捷菜单中选择"设置数据系列格式"命令，打开"设置数据系列格式"窗格，选中"次坐标轴"单选按钮，如下图所示。

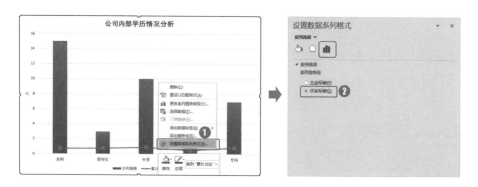

● 在"更改图表类型"对话框中添加：在数据系列上单击鼠标右键，在弹出的快捷菜单中选择"更改系列图表类型"命令，打开"更改图表类型"对话框，选择"组合图"勾选，勾选"次坐标轴"复选框，如下图所示。

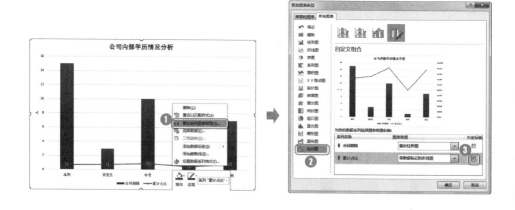

7.1.8 复合图的第二绘图区作为补充显示区

使用饼图分析数据占比时，数据扇区过多会造成数据系列堆砌，影响图表的可读性和分析能力。如下左图所示，采取的措施是使用复合饼图替代饼图，如下右图所示（详见彩插）。

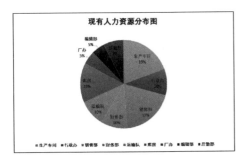
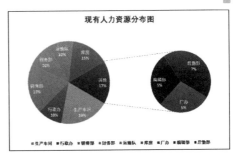

　　将饼图转换为复合饼图后，为了进一步提高图表的左右平衡性和数据分析能力，可以进一步对左右饼图的扇区进行指定划分。方法为：打开"设置数据系列格式"窗格，选择"系列分割依据"选项，设置"值小于"参数，复合饼图扇区自动做出调整，如下图所示。

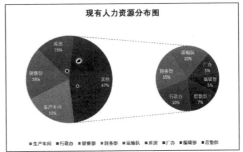

7.1.9　标题名称要抓关键点

　　图表标题与一般性标题的作用完全一样：提纲挈领，让他人一看就明白图表的作用和目的。因此图表标题应由相应的关键字构成，且表达意思简单明了。

　　如下图所示的折线图表中，原标题"采购总额"完全不符合图表的分析目的，需要修改。

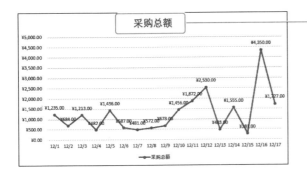

标题不符合：不符合图表的分析目的

从分析的目的出发，该图表主要展示采购总额随着时间变化的走势（折线图主要适用的情况），同时，可以看出日期是从 12 月 1 日～12 月 17 日，明显有预测采购总额的未来走势以及展示采购费用总体波动范围的目的。

由此可以提出关键字：采购、上半月、费用、成本、支出、走势和情况等，图表标题名称可以是采购费用走势情况分析、采购费用走势情况展示/预测、上半月采购支出分析等。

下面 4 张图表根据不同的关键字组成了不同的图表标题名称（一个图表由于分析的出发点、目的以及角度不同可以有多个标题名称，完全由实际工作需要决定）。

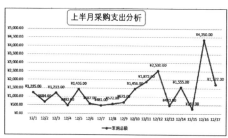
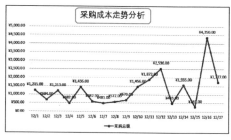
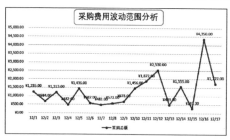
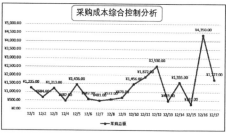

7.1.10　极值标识不要手动

要在图表中标识或突显最大值、最小值，不要用手动设置特殊颜色或形状，特别是动态数据中，因为数据极值随时可能根据新数据的添加或原有数据项的减少而发生变化，导致图表中极值的标识不准确。

为了避免被动和反复操作造成分析上的失误和工作量的增加，可以借用函数制作智能图表。

具体操作步骤如下所述。

第 1 步：在表格的最后一列添加"最大值"列，然后输入函数"=IF(E2=MAX($E:$E),E2,NA())"，然后使用填充柄填充函数到最后一行数据，让函数自动判定最大值，如下图所示。

第 2 步：选择要作为数据源的数据列（因为有新数据不断地添加，同时有不需要的数据需要修改，这里选择整列作为图表数据源），然后手动插入带标记的折线图，Excel 自动在图表中标识第一次识别的最大值，如下图所示。

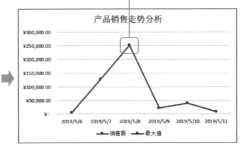

下面在表格中继续添加新的销售数据，Excel 自动填充极值判定函数并重新判定最大值，如下左图所示。图表自动将新数据绘制到图表中并自动标识出新的最大值，如下右图所示。

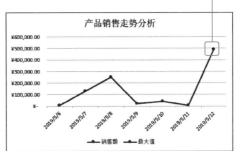

知识加油站 **图表自动标识最小值**

要在图表中自动标识最小值，可将原有的最大值函数更改为最小值函数
（=IF(E2=MIN($E:$E),E2,NA())），或新添加一列最小值辅助列，如下图所示。

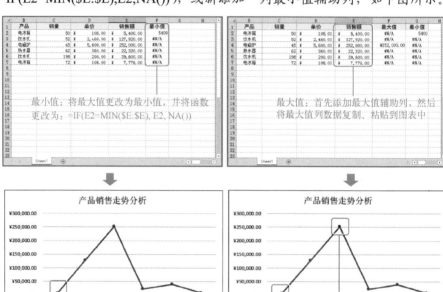

最小值：将最大值更改为最小值，并将函数
更改为：=IF(E2=MIN($E:$E), E2, NA())

最大值：首先添加最大值辅助列，然后
将最大值列数据复制、粘贴到图表中

最小值：图表自动判定并标识最小值

极值：图表自动识别并标识最大值和最小值

7.1.11　单系图表也可两色划分

单系图表中只有一组数据系列，如下左图所示，要让其以两种颜色自动划
分，特别是按条件要求自动划分，如下右图所示，手动填充形状颜色是初学者
的"笨办法"。

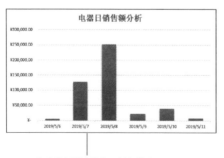

单系图表默认的单一颜色填充

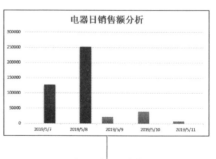

单系图表的双色填充

例如，用平均值为界限，将图表高于和低于平均值的数据系列自动填充为两种不同的颜色，操作步骤如下所述。

第 1 步：在表格中添加"低于平均值"和"高于平均值"列，然后分别在其中输入自动判定低于平均值和高于平均值的函数：=IF(E2<AVERAGE(E$2:E$7),E2,"")、=IF(E2>AVERAGE($E$2:$E$7),E2,"")，如下图所示。

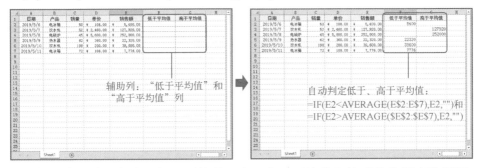

第 2 步：选择包含"低于平均值"和"高于平均值"的列作为图表数据源，然后插入图表，如下图所示。

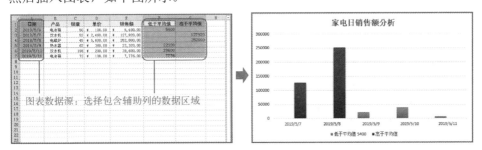

7.1.12 瀑布图残缺，两种方式对应

Excel 2016 中自带瀑布图，用户可通过插入图表的方式直接创建，但容易出现残缺不全的情况，如下图所示。

在 Excel 2016 中有两种应对措施：一是直接更改数据源字段，二是借用 SUM 函数制作辅助列，下面分别进行介绍。

1. 直接更改数据源字段

将收入、支出和利润列的数据并入到一列中，如下图所示。

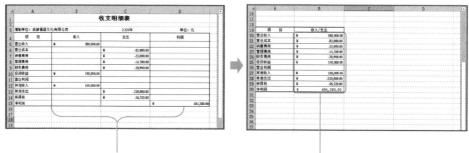

直接更改数据源字段：将收入、支出和利润列的数据整理合并为一列，以满足瀑布图数据源的要求

操作提示　**注意数据整理细节**

在"收支明细表"中，若"支出"列中的数据是正数，将其与其他列数据合并为一列时，需要将其更改为负数，表示支出。由于本例中的数据已经是负数，所以没有进行修改。

另外，为了不影响图表与原表格的数据对应查看，不建议在原有的数据区域进行整理，最好的方式是复制数据区域到表格其他位置，用创建的瀑布图遮挡复制、粘贴的数据区域。

选择字段数据合并后的数据区域，然后手动创建瀑布图，如下图所示。

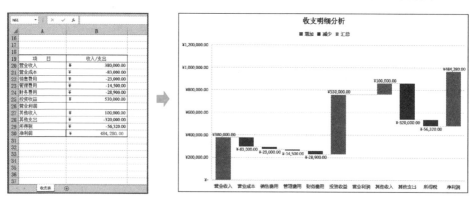

2. 借用 SUM 函数制作辅助列

如要直接在原有的数据区域中整理数据，也非常简单，只需借助 SUM 函

数制作辅助列，然后借用堆积图，操作步骤如下所述。

第 1 步：下载"第 7 章/素材/财务会计报表（收支瀑布图 2 整理数据源）.xlsx"文件，插入辅助列，输入 IF 与 SUM 的嵌套函数"=IF(E5<>0,"",SUM($C$5:C5)-SUM($D$5:D6))"，如下图所示。

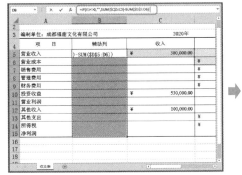

辅助列的作用

手动制作的瀑布图中需要一数据系列将收入和支出的数据系列撑起来，让其悬空。这里添加的辅助列恰好可以满足这一点，但后期需要将其隐藏：取消其填充颜色。如果在设置图表样式时为其添加了系列边框，同样需要将系列边框手动取消。

第 2 步：选择整个数据主体部分 A4:E15 单元格区域，打开"插入图表"对话框，选择"柱形图"选项，单击"堆积柱形图"选项卡，双击堆积图，如下图所示。

 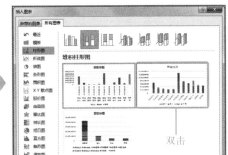

为什么要使用对话框插入堆积图

在本例中或类似架构的表格中，若直接在"插入柱形图和条形图"下拉选项中选择，将会创建出二维柱形图，需要再次更改图表类型，增加了两步操作，所以，这里直接在"插入图表"对话框中选择堆积柱形图，如下图所示。

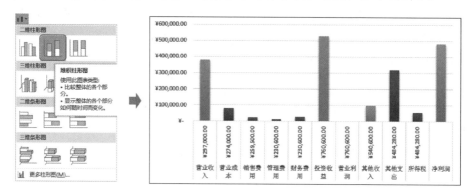

第 3 步：在图表中选择"辅助列"数据系列，然后单击"填充颜色"下拉按钮，在弹出的下拉列表中选择"无填充"选项，取消数据系列填充颜色让其透明，如下图所示。

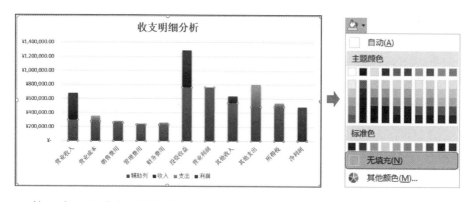

第 4 步：经过上面的操作，瀑布图创建成功，收入、支出、利润数据系列区分明显，如下图所示。

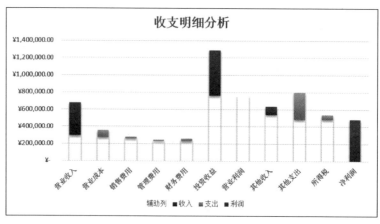

技术支招　**第二种方法真的没有存在的必要吗？**

虽然 Excel 2016 自带瀑布图，可以通过整理字段数据快速创建，为什么还要借助于大家都不擅长的辅助列和函数呢？笔者给出下面几个原因。

1）不是所有的用户都使用 Excel 2016 的版本，因为个人习惯或公司整体工作环境不同，一些用户仍然使用低版本 Excel。

2）第一种方法需要复制、粘贴数据到新区域进行整理，容易出现数据区域被意外删除或隐藏，造成创建的瀑布图意外丢失，从而影响数据的展示分析。

3）直接创建的瀑布图中没有明显反映"净利润"的数据系列，而是将其直接用作正收入数据，需要后期手动设置填充颜色，导致操作步骤增加。

7.1.13　两组数据对比，双向条形图更直观

对比两组或多组数据时，往往会用柱形图或条形图，如以下两图所示。虽然可以实现目的，不过，没有让两组数据都成为"双雄"：既有展示又有对比，同时又没有新意。

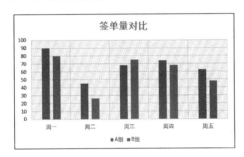
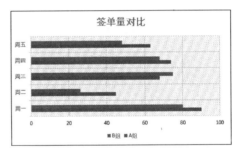

对于两组数据的对比，笔者推荐双向条形图，操作步骤如下所述。

第 1 步：下载"第 7 章/素材/双向条形图.xlsx"文件，选择 A2:C6 单元格区域，创建条形图并设置图表样式，如下图所示。

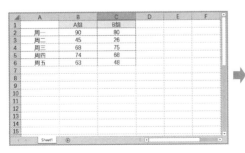
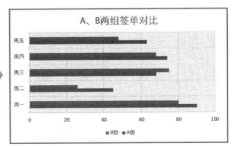

第 2 步：选择任意数据系列，打开"设置数据系列格式"窗格，选中"次

坐标轴"单选按钮，添加次坐标轴，如下图所示。

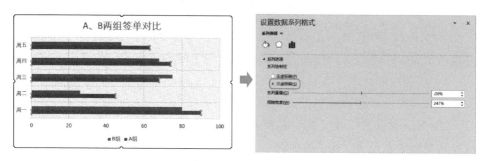

第 3 步：在新添加的次坐标轴上双击打开"设置坐标轴格式"窗格，在"最小值"文本框中输入"-100.0"（与自动生成的最大值数字对应），如下图所示。

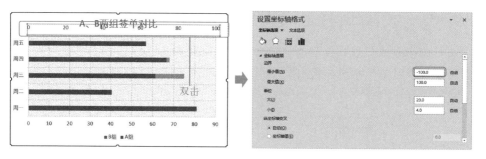

第 4 步：勾选"逆序刻度值"复选框，让添加的次坐标轴以逆序方式显示（形成正、负坐标轴样式），如下左图所示。

第 5 步：选择主横坐标轴，在"设置坐标轴格式"窗格中设置"最小值"与"最大值"参数"-100.0""100.0"（与刚设置的次坐标轴的最大值、最小值数字一样），如下右图所示。

勾选：生成正、负坐标轴　　　　　　　　　　　　　设置：主、次坐标轴保持一致

经过上面的操作，刻度双向条形图坐标轴的操作就已经完成，下面设置和完善细节。

第 6 步：选择次坐标轴，单击"字体颜色"下拉按钮，选择与图表背景一样的颜色，这里选择白色，让次坐标轴隐藏，如下图所示。

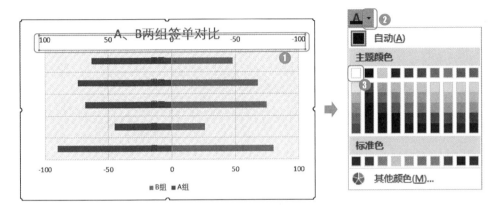

第 7 步：重复第 6 步骤操作，将纵向坐标轴的字体颜色设置成醒目色，如下图所示。

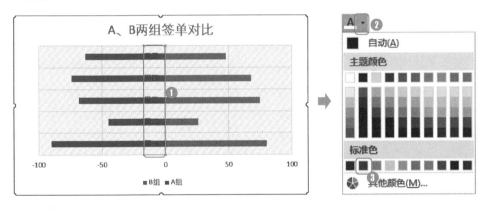

第 8 步：经过上面的操作，双向坐标轴的条形图已经制作完成，如下图所示。

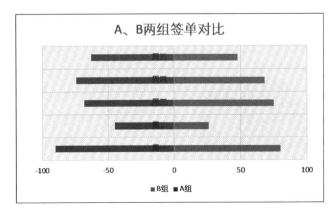

7.1.14　扇区太小，合并

展示分析数据占比大小时，容易出现一些特别小的扇区，小到可以忽略它的存在，如下图所示。除了将其图表类型更改为复合饼图外（具体操作请参考第 7.1.8 节），合并处理最为靠谱。

数据较小：相比较其他数字，这3个数字太小　　　　　　扇区太小：基本上没有存在的意义，百分数保留整数部分会显示为0%

具体操作步骤如下所述。

第 1 步：下载"第 7 章/素材/水果销售情况分析（扇区太小）.xlsx"文件，将特小扇区对应数据项合并为一个数据项，对应的数字求和，如下图所示。

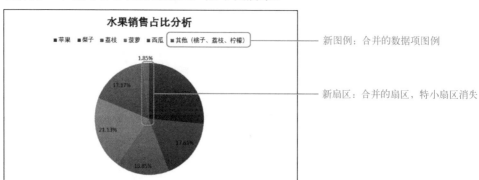

第 2 步：数据源数据处理后，饼图的扇区出现变化，特小的的数据扇区被合并为一个相对有存在感的扇区，如下图所示。

新图例：合并的数据项图例

新扇区：合并的扇区，特小扇区消失

知识加油站　**饼图中隐藏小于指定百分比的数据标签**

　　对于饼图中标签数据太小的标签，可以将其进行隐藏，同时，还能设置
要隐藏的具体数字标签范围，如小于 1%的数据标签隐藏（不是手动删除）。
方法为：打开"设置数据标签格式"窗格，在"格式代码"文本框中输入指
定标签大小代码，如隐藏小于 1.00%的数字标签"[<0.01]"";0.00%"，如下图
所示。

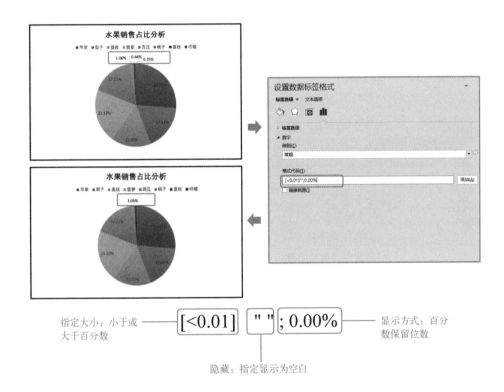

7.1.15　明线标识规定任务

　　在一些销售数据中，业务员、门店、团队有月销售任务或目标，在展示和
分析这类数据时，可以直接在图表中用明线标识出整体任务位置，让读图者能
一眼看出业务员、门店、团队完成规定任务或目标的情况。如下图所示是添加
明线标识规定任务的前后对比效果。

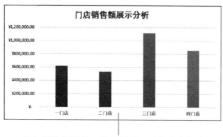

添加明线标识前：单纯展示、对比各个门店
的销售额情况

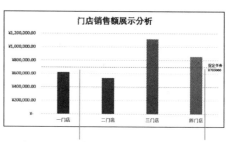

明线标识任务：直接在图表中用醒目的线条样式标识
规定任务处，各个门店销售任务是否完成一目了然

在图表中添加明线标识的方法有两种：一是在图表中添加"规定任务"数据系列，二是手动绘制。第一种方法操作规范，但步骤繁多。这里不进行具体操作的讲解，可将整体思路分享给大家：在图表中添加"规定任务"数据系列（首先需要在表格数据源中添加"规定任务"列），然后为"规定任务"数据系列添加次坐标轴，接着更改"规定任务"数据系列类型为"折线"，最后添加单个数据标签，如下图所示。

添加数据系列 ▸ 添加次坐标轴 ▸ 更改数据系列类型 ▸ 添加单个数据标签

笔者推荐第二种方法：手动绘制。方法和思路都很简单，在图表中的对应位置绘制直线并设置其样式，然后通过文本框添加对应的规定任务说明，如下图所示。

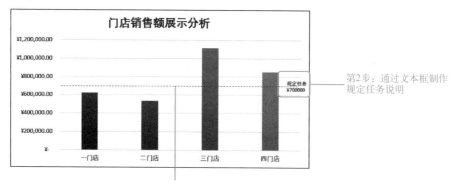

第2步：通过文本框制作规定任务说明

第1步：在合适位置绘制直线并设置线条样式，让其醒目，但又不影响其他数据系列

有一点需要特别注意：直线绘制的位置一定要准确，如本例中规定任务是￥700000，直线绘制的位置就应该以纵坐标轴为准，放置在￥700000 刻度处（不要求完全准确，但要基本准确）。

技术支招 **解决直线和图表容易错位的困扰**

一些有经验的读者会发现，绘制的规定任务线条和说明文本框，不能随着图表的移动而移动，会出现移动错位或分离的情况，一旦移动图表或调整图表大小，就必须再次调整线条和文本框的位置、大小，在一定程度上会增加操作步骤。

要解决这个问题很简单：组合。将绘制的直线、文本框和图表组合为一个整体，前面所有的问题基本上就能解决。操作方法为：选择直线、文本框和图表，单击鼠标右键，在弹出的快捷菜单中选择"组合"→"组合"命令，如下图所示。

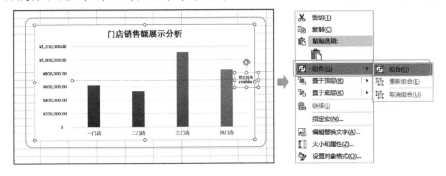

7.1.16 项目进度要有推进感

在展示分析项目进度时，若用常规条形图，只能对比展示各项进度的时间长短（且有双重坐标轴），不能直观展示各项进度的依次推进顺序和时间长度，如下图所示。

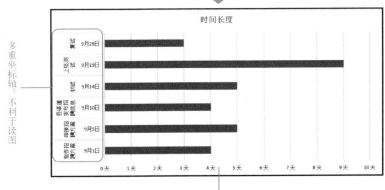

项目进度感全无：只能对比各事项用时时间，没有先后顺序

此时，可以使用堆积条形图将其制作为甘特图，所有的问题将会迎刃而解，如下图所示。

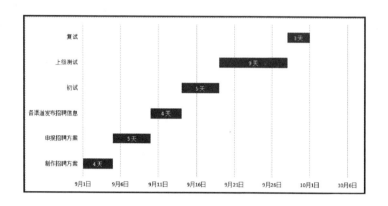

具体操作步骤如下所述。

第 1 步：下载"第 7 章/素材/项目进度（甘特图）.xlsx"文件，单击"插入柱形图或条形图"下拉按钮，选择"堆积条形图"选项插入空白堆积条形图，然后在其上单击鼠标右键，选择"选择数据"命令，如下图所示。

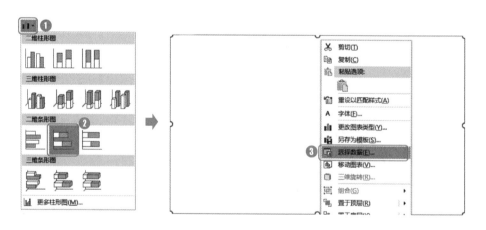

第 2 步：在打开的"选择数据源"对话框中单击"添加"按钮，打开"编辑数据系列"对话框，分别设置"系列名称"和"系列值"的参数为"=sheet1!$A$3:$A$8"和"=sheet1!$B$3:$B$8"。单击"确定"按钮，如下图所示。

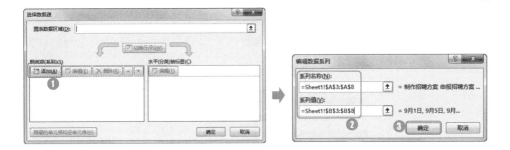

操作提示　第一系列的作用

本例中第 2 步操作的目的是在图表中添加基础数据系列，作为"垫脚石"将下面添加的数据系列撑起来，真正实现项目进度按时间进度依次绘制。

第 3 步：返回到"选择数据源"对话框中，再次单击"添加"按钮，打开"编辑数据系列"对话框，分别设置"系列名称"和"系列值"的参数为"=sheet1!\$A\$3:\$A\$8"和"=sheet1!\$C\$3:\$C\$8"。单击"确定"按钮，如下图所示。

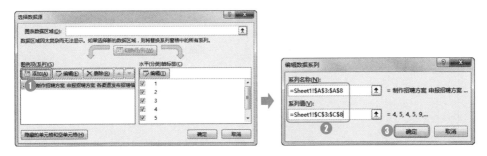

第 4 步：返回到"选择数据源"对话框中单击"编辑"按钮，打开"轴标签"对话框，设置"轴标签区域"的参数为"=sheet1!\$A\$3:\$A\$8"，然后依次单击"确定"按钮，如下图所示。

第 5 步：在堆积图条形图中选择最左侧的基础数据系列（"垫脚石"数据系列），单击"填充颜色"下拉按钮，选择"无填充"选项，取消填充颜色让其隐藏，如下图所示。

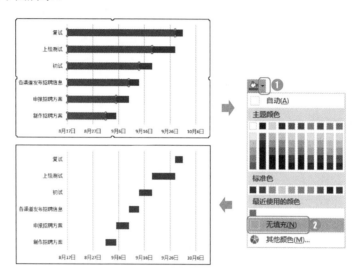

第 6 步：然后调整、设置图表样式，如下图所示。

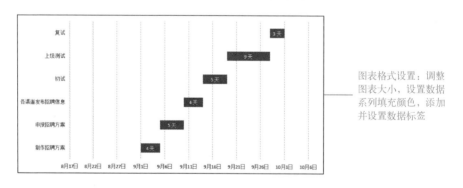

图表格式设置：调整图表大小，设置数据系列填充颜色，添加并设置数据标签

操作提示 **设置坐标轴的起始日期**

在项目进度图表中，横坐标轴的起始时间稍微提前一些，并不是当前项目的起始时间，要让其与起始时间一致，可设置横坐标轴刻度的最小值，方法为：在横坐标轴上双击打开"设置坐标轴格式"窗格，更改刻度最小值（增大差距的天数），如本例中 8 月 17 日距离 9 月 1 日相差 15 天，只需将原有的数字加上 15 即可，如下图所示。

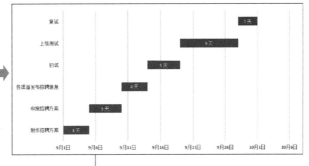

更改日期最小值：将原有的数字
加上相差的数字，这里加上15。

更改日期最小值：坐标轴开始日期与项目开始日期保持一致。

7.2　利用数据透视表分析数据

　　报表是在表格数据处理与分析中经常会被提到和用到的表格。虽然报表会有很多的形式，如数据透视表、图表、特有的数据表单等，但在 Excel 中报表是数据透视图表的特定称谓。

　　数据透视表的基础操作虽然简单，但很多用户却无法正确使用。怎样用好数据透视表，需要学习掌握如下几点。

7.2.1　知晓数据透视表对数据源的基本要求

　　数据透视表是一种较为特殊的动态表格，它和普通表格区别很大，并不是任何数据都可以达到预期效果，想要活用数据透视表，需要掌握它对数据源的几点基本要求。

　　下面几条是数据透视表对数据源的基本要求，需要读者熟记。

- 数据区域的最顶端一行为字段名称（标题）。
- 各列只包含一种类型的数据，即某列数据只能够全部是文本或数值数据，而不能一些是文本一些是数值数据。
- 数据清单中无空行和空列。
- 单元格的开头和末尾无输入的空格。
- 数据清单中不能出现合并单元格。
- 尽量避免在一张工作表中建立多个数据清单，每张工作表最好仅使用一个数据清单。
- 数据区域中没有总计行和总计列。

知识加油站 透视表的 4 类数据源

数据透视表的数据源大概有 4 类：Excel 数据列表、外部数据源（外部文本数据、网页数据和 XML 等类型数据）、多个独立 Excel 列表和数据透视表。

7.2.2　4 类无意义的数据源

数据透视表有一个最直接、最硬性的要求：数据源必须有 10 条以上的数据项。若只有几条数据项，数据透视表就失去了创建和存在的实际意义，数据太少无法从多个角度去透视分析，数据背后隐藏的价值信息实在太少，浪费时间。除了这个硬性要求外，还需要让数据透视表能正常识别数据，无法创建、创建后字段不正常、无法多角度切换透视，会导致分析结果异常或错误。

什么样的数据源无意义呢？答案很简单：不规范的数据源。笔者总结了下面 4 类不规范的数据源，并提出了解决方法。

1．字段数据同列

字段数据同列也就是在表格中所有或部分字段数据被放置在同一列中，完全不懂 Excel 的初学者可能会犯这样的错误，但大多数情况是导入外部数据所致，如导入文本文件、网页数据等，如下左图所示，数据透视表虽然可以识别但创建的数据透视表只有一个字段，和数据源一模一样，无任何意义，如下右图所示。

"城市""商品""销售量"和"销售额"字段被放置到同一列中

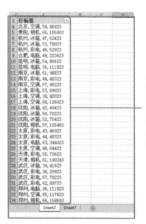

单列字段的数据透视表，无任何存在的意义：与数据源一模一样且无法更改字段切换透视角度

所有字段被放置在同一列中，不仅在数据透视表中无意义，在普通的表格中也无法被接受，具体的解决方案是将字段分置到不同列中，具体的操作方法请参考第 3.3.1 节，这里就不再赘述。

2. 完全重复数据项

数据透视表要求数据源中有同类项，才能进行汇总计算。但不能有完全重复的数据，也就是多条一模一样的数据，这类数据只能导致数据计算错误，导致最终的分析结果错误。这类数据被称为"冗余"数据，在创建报表前必须删除。

删除方法：一是手动删除，完全靠人工手动逐一删除，对于数据项不多的表格勉强可以，这里并不推荐。二是自动删除（首推方法），如下图所示，让 Excel 自动识别并删除，具体操作方法请参考第 3.2.1 节，这里就不再赘述。

3. 包含不规范日期数据

数据透视表中的日期会非常频繁的成为行标签、列标签或筛选页字段，所以作为关键透视字段，日期数据的格式必须正确，让数据透视表能够准确识别。如下图所示的日期数据格式就是不能被识别的日期格式，导致透视表的日期筛选结果出现错误值。

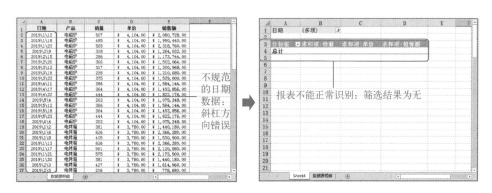

对于日期斜杠方向的错误，最直接方法是统一替换，将"\"统一替换为"/"，如下图所示。

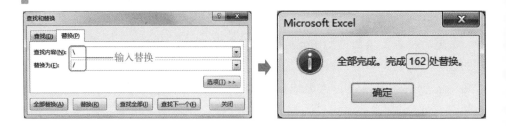

4. 包含合并单元格

表格中包含合并单元格分为两种情况：一是表头中包含合并单元格，二是数据主体部分包含合并单元格。对于前者，数据透视表会无法正常创建，如下图所示。

表头中有跨行的合并单元格被称为多层标题，上图中是两层标题，处理方法是将多层标题变成单层标题，也就是将合并单元格处理掉并将关键数据留下，如下图所示。

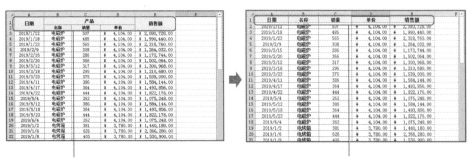

两层数据表头：不能正常创建数据透视表　　　　　单层数据表头：能正常创建数据透视表

一些用户朋友可能会将上面的表头更换成下面左图中的样式，虽然能正常创建数据透视表，但无"名称"字段，导致数据透视表存在严重缺陷，如下右图所示。

若是数据主体部分包含合并单元格，虽然不会影响数据透视表的创建，但创建的数据透视表中会出现的空白数据项，让数据透视表产生缺陷、漏洞，如下图所示。

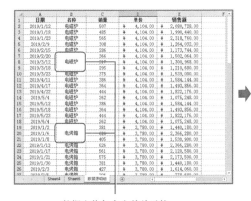

数据主体包含合并单元格

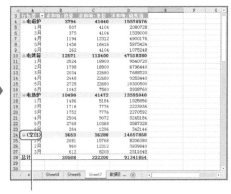

数据透视表中出现"空白"字样字段

7.2.3　创建数据透视表常用的两套方案

创建数据透视表可分为两种情况：一是有明确要求的数据透视表，二是一般性数据透视表。前一种情况要求制表者手动创建，特别是字段位置的安排，属于量身定做；后一种情况是大众型数据透视表，没有特殊要求，属于通用类型。

1．方案一：有明确要求的数据透视表

第 1 步：选择任一数据单元格，单击"插入"选项卡，单击"表格"组中的"数据透视表"按钮，打开"创建数据透视表"对话框，设置透视表放置的位置，单击"确定"按钮，然后添加字段数据完成数据透视表的创建，如下图所示。

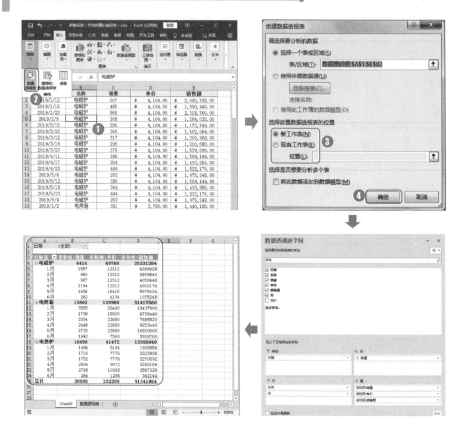

2. 方案二：一般性数据透视表

选择任一数据单元格，单击"插入"选项卡"表格"组中的"推荐的数据透视表"按钮，打开"推荐的数据透视表"对话框，选择合适的数据透视表选项，单击"确定"按钮，如下图所示。

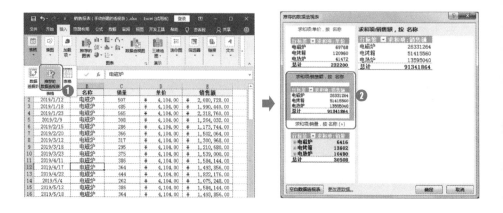

7.2.4　多个数据源不要手动合并计算

有时会面对数据源分散在多张表格中，或需要将多张表格中的数据用一张数据透视表展示分析的情况。如下图所示是 3 个车间的生产数据分别放置在不同的表格中。

现在需要将 3 个车间的所有生产数据合并到一张数据透视表中。若先将 3 个车间中的生产数据进行合并计算，然后再创建数据透视表，操作将会在 10 步左右，如下图所示是 3 张表格合并计算的设置图片（设置合并区域→启动合并计算功能→导入合并计算数据区域），不仅麻烦，还浪费时间。

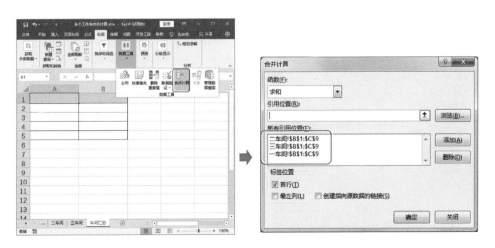

其实，最简单的方式是直接使用数据透视表隐藏的功能——多重区域向导创建数据透视表，操作步骤如下所述。

第1步：按〈Alt+D+P〉组合键，打开"数据透视表和数据透视图向导—步骤 1"对话框，选中"多重合并计算数据区域"单选按钮，单击"下一步"按钮，如下左图所示。

第2步：在打开的"数据透视表和数据透视图向导—步骤 2"对话框中单击"下一步"按钮，如下右图所示。

第 3 步：在打开的"数据透视表和数据透视图向导—步骤 3"对话框中，依次将各张表中的数据添加到"所有区域"中作为数据透视表的数据源（Excel会先进行合并计算），单击"下一步"按钮，如下左图所示。

第4步：在表格中自动将不同表格中的数据按照日期进行合并计算并自动生成数据透视表（字段可以随意设置），如下右图所示。

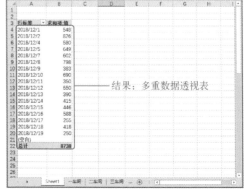

技术看点　多重数据透视表短板

使用数据透视表和数据透视图向导创建多重数据透视表有一个明显的短板：Excel 只会对首列的数据项进行合并计算。若第 2 列是非数字型数据，如文本，则会出现自动丢弃的情况，也就是数据透视表中无法正常显示文本，如本例中的处于各张表格第 2 列的"品种"，如下图所示。

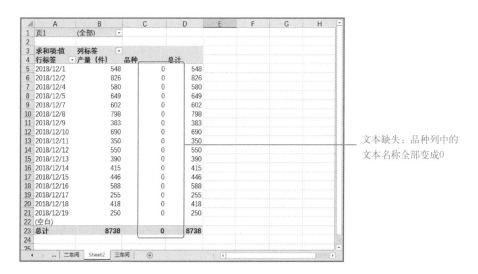

文本缺失：品种列中的文本名称全部变成0

7.2.5　字段数据灵活添加的 3 种方法

数据透视表字段数据的添加必不可少，怎样灵活自如地添加字段数据是高手与初学者之间最大的差别。对数据透视表操作熟练的人员除了直接选中字段复选框机械地添加数据外，还会灵活运用下面 3 种字段数据添加的方法。

1．拖动添加

数据透视表分为 4 个字段区域：筛选区域、值区域、列区域和行区域，要让字段直接添加到指定区域中作为指定字段，方法为：在"数据透视表字段"窗格中选择字段选项，按住鼠标左键不放将其拖动到指定的列表框中。

如下图所示将"产品名称"字段拖动到"筛选"区域中作为数据透视表的筛选字段。

2．命令添加字段

字段列表框中的选项不仅可以选择拖动，而且可以通过右键菜单命令快速添加到指定区域中，如下图示所将"产品名称"字段快速添加到"筛选"区域中作为数据透视表的筛选字段。

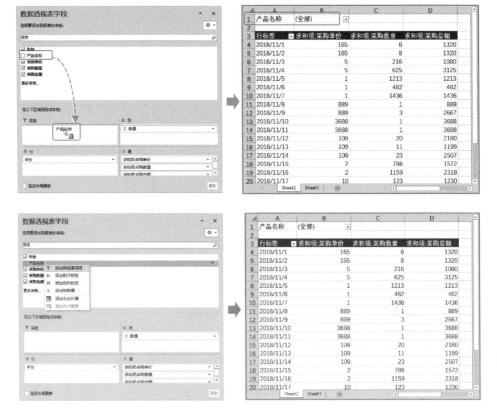

3．添加全新字段"无中生有"

在透视分析数据时，若要对同一字段进行多种数据汇总显示或以不同的值显示，同一字段显然无法实现（一个字段在同一时间只能以汇总或值显示方式存在），为了达到目的需要添加新字段。

例如，在采购表中添加"采购比例"字段，直观显示每一日期采购金额的比例。

方法为：在报表中选择任一数据单元格，单击"字段、项目和集"按钮，选择"计算字段"选项，如下左图所示。打开"插入计算字段"对话框，在"名称"文本框中输入"采购比例"，在"公式"文本框中输入"=采购总额"，单击"确定"按钮，如下图所示。

Excel 自动在数据透视表中添加全新字段"采购比例"，如下图所示，接下来只需对其汇总依据或值显示方式进行调整即可。

全新字段
可对该字段的汇总依据、
值显示方式等进行设置

7.2.6　字段数据添加顺序有讲究

　　数据透视表千变万化的主要原因是字段数据的不停变化和切换，这造就了不同的样式和布局，从而实现了数据多角度透视。

　　数据透视表呈现不同形态的因素有很多种，其中字段数据的添加顺序是最直接、最原始的因素。字段数据添加的顺序不同，会构造成不同的数据透视表架构布局。如下图所示完全相同的字段数据，因为不同的添加顺序，制作成不同的数据透视表。

完全相同的字段
由于添加顺序不一样，造成
不同的数据透视表架构布局

鉴于此，在添加字段或更改字段时，可反复的对字段添加顺序进行变化，从而制作出想要的数据透视表（随着时间的推移、经验的丰富，可减少字段添加顺序的调试，甚至有时可以一步到位）。

技术看点 延迟布局

在"数据透视表字段"窗格中对任何字段的位置或顺序进行调整，数据透视表中随即会做出相应的调整，设计者要让数据透视表推迟布局更新，可在窗格左下角勾选"延迟布局更新"复选框，如下图所示。

勾选"延迟布局更新"复选框
字段做任何操作，数据透视表
不会发生布局变化

7.2.7　适当创建共享缓存透视表

在 Excel 中每创建一张数据透视表或数据透视图都会自动生成对应的缓存数据，形成一条缓存数据对应一张数据透视表。由于大量的缓存数据会导致电脑内存被大量占用，因此新增了共享缓存功能，也就是两张或两张以上的数据透视表共用已有的缓存数据，从而减少内存的占用，让 Excel 运行得更加快速。

那么，问题来了：对于只有几十行的多张数据透视表是否需要共享缓存？答案非常肯定：不需要。工作用计算机的内存通常都在 1～2GB 左右，10～20KB 的数据透视表几乎不会让其发生卡顿的情况。但是对于有成百上千、甚至是上万条数据的数据透视表，就需要共享缓存，节省内存空间，以避免卡顿、文件损害等情况的发生。

下面向大家展示共享缓存数据透视表的创建步骤。

第 1 步：选择新建数据透视表放置的起始空白位置，按〈Alt+D+P〉组合键，打开"数据透视表和数据透视图向导"对话框，选中"另一个数据透视表或数据透视图"单选按钮，单击"下一步"按钮，进入下一步向导对话框中，选择包含所需数据的数据透视表，单击"下一步"按钮，如下图所示。

第 2 步：进入下一步向导对话框中设置数据透视表显示位置，单击"完成"按钮，如下左图所示。然后在"数据透视表字段"窗格中添加相应的字段，如下右图所示。

7.3　利用迷你图分析数据

迷你图，可简单理解为简化的迷你图表，是嵌套在单元格中的迷你分析工具，能以直接的形状、线条展示数据状态、走势，是很多数据分析人员比较喜爱的分析工具。

7.3.1　横向与纵向迷你图

表格中的迷你图分为横向和纵向两种，除了数据放置方式有限制外（如下左图所示数据列只有两列，做横向迷你图横向分析对比远不如对 C 列纵向对比展示。如下右图所示只有两行数据，相对于使用迷你图纵向对比远不如横向对比），数据放置位置也有讲究。

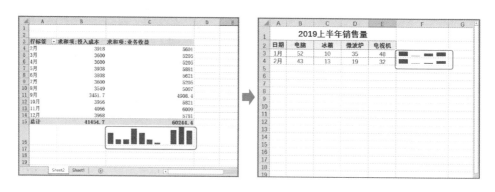

总体而言，迷你图的引用数据方向与放置位置方向一致：纵向引用数据要求放置迷你图的放置位置在纵向数据下面，横向引用数据要求迷你图的放置位置在横向数据之后，如上左图所示 C16 单元格在 C4:C15 数据单元格之下，与纵向引用数据方向一致。如上右图所示 F3 单元格在 A3:E3 之后，且方向一致，让用户一目了然。

另外，一组迷你图的放置位置只能是一个单元格，如下图所示若将迷你图的放置位置设置成多个单元格或多行单元格，将会弹出"位置引用或数据区域无效"的提示对话框。

7.3.2　没有起伏的迷你图不如不做

迷你图虽然是一种简易的展示和分析数据的工具，但也要求呈现可读和可分析的状态，辅助分析人员展示和分析数据状态或走势，如下图所示迷你图中的形状处于相同状态，没有办法看出谁大、谁小等基本情况，分析就更加谈不上，类似于这种无意义的迷你图不如不做。

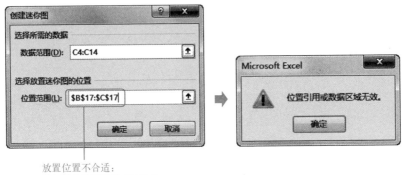

放置位置不合适：
迷你图的放置位置应是单元格，而不是单元格区域

失败的迷你图：
数据图形显示没有起伏

高效解决方法是调整迷你图坐标轴的最大值和最小值，然后调整行高。具体操作步骤如下所述。

第 1 步：选择迷你图，单击"迷你图→设计"选项卡中的"坐标轴"下拉按钮，在"纵坐标轴的最小值选项"栏中选择"自定义值"选项，打开"迷你图垂直轴设置"对话框，在文本框中输入"3000"，单击"确定"按钮，如下图所示。

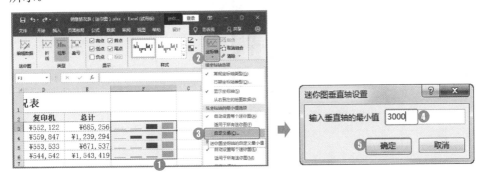

若是一次性对迷你图整体进行坐标轴设置的效果不明显或没有达到理想效果，可将迷你图取消组合将其变成单个个体（在迷你图上单击鼠标右键，在弹出的快捷菜单中选择"迷你图"→"取消组合"命令），然后再进行坐标轴的最小值和最大值设置。

第2步：选择迷你图，单击"迷你图→设计"选项卡中的"坐标轴"下拉按钮，在"纵坐标轴的最大值选项"栏中选择"自定义值"选项，打开"迷你图垂直轴设置"对话框，在文本框中输入"700000"，单击"确定"按钮，如下图所示。

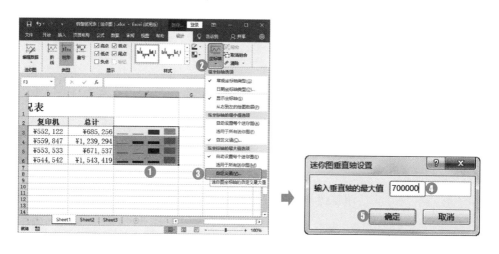

第3步：调整行高到合适高度，使迷你图正常显示，如下图所示。

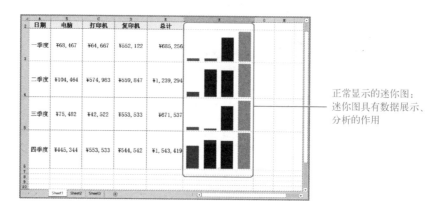

正常显示的迷你图：迷你图具有数据展示、分析的作用

没有一步到位

一些用户朋友可能会猜想或实验，是否可以直接设置行高，而不用自定义迷你图的最大值和最小值。若没有坐标轴最大值和最小值的自定义值设置，调整行高也无济于事，如下图所示。

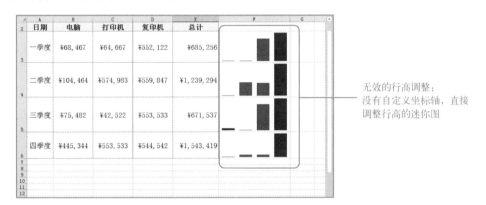

无效的行高调整：
没有自定义坐标轴，直接调整行高的迷你图

技术看点　**当前设置应用于其他迷你图中**

若是将迷你图取消组合变成了一个个单独的迷你图，并对其中一个迷你图设置了坐标轴最大值或最小值，现又需要将这些设置应用到其他迷你图中，此时，不需要手动逐一设置，只需在坐标轴选项下，选择"适用于所有迷你图"选项让 Excel 自动应用即可，如下图所示。

第 8 章

巧用一张图表绘尽万千数据

本章导读

通常情况下，一张图表只能绘制指定的数据项，且数据项不能太多，数据项太多会影响图表展示、分析数据的效果，一些用户朋友会通过新建多张图表的方式来解决。面对数据项不多或要求不高的数据分析，这种思路是可行的，属于"劳动密集型"图表。要提高数据展示和分析的灵活度、适应力和专业性，应该学着制作"科技含量型"图表，也就是动态图表：能及时切换图表的绘制显示，一张图表顶过去多张图表。

知识要点

- 利用筛选制作动态图表
- 筛选按钮控制数据透视图的显示

- 切片器控制图表显示
- 制作最近一周的发货运输费用图

- 选择性单选系列图表
- 图表数据长度的滚动控制
- 数据选项控制图表绘制

- 选择性多选系列图表
- 单步控制图表绘制

8.1 简易动态图表

默认情况下，Excel 图表都是静态的，只能绘制当前数据，不能自动或半自动变化数据（这里不包括手动更改数据源或复制、粘贴数据项到图表，更改图表数据的绘制）。

要让图表动态显示指定数据或指定部分数据，实现方法有两种：一是直接对数据源进行变化处理，如筛选、隐藏和数据透视图，二是借助于函数、名称和控件等中介工具控制图表的数据显示。前者相对简单快捷，为了让大家更好地理解和使用，笔者先从前者入手，循序渐进地让大家掌握它们。

8.1.1 利用筛选制作动态图表

如果直接根据下左图中的数据创建图表，将会出现一张数据系列较多的图表（系列堆砌），展示和分析数据的效果并不理想，如果没有其他弥补操作，这将会是一个失败的图表作品。

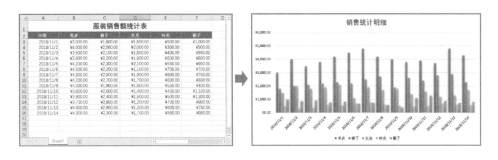

这时需要对数据源进行筛选，将其转换为独立动态图表，下面介绍两种方法。

1. 项目筛选控制图表绘制

第1步：下载"第8章/素材/半月报表（项目筛选）.xlsx"文件，进入自动筛选模式（单击"数据"选项卡中的"筛选"按钮），单击"日期"单元格右侧下拉筛选按钮，在弹出的下拉列表中勾选相应的项目字段复选框，然后单击"确定"按钮，如下图所示。

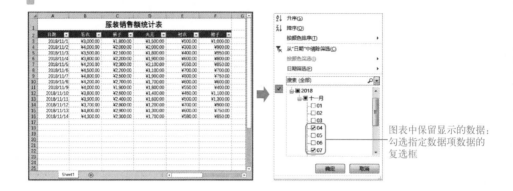

图表中保留显示的数据：
勾选指定数据项数据的
复选框

第 2 步：图表中随即发生绘制图形的变化，如下左图所示。根据需要重复第 1 步操作实时控制图表的显示，如下右图所示。

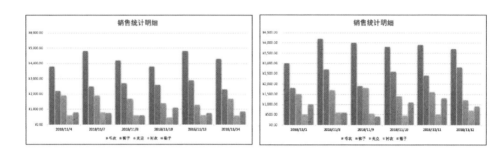

技术支招　处理图表空白

本例中，由于项目数据类型是"日期"，对其进行项目筛选后，图表中会出现很多空白日期数据，如下左图所示，这时只需打开"设置坐标轴格式"窗格，选中"文本坐标轴"按钮即可（具体操作步骤请参考第 7.1.5 节，这里就不再赘述），如下右图所示。

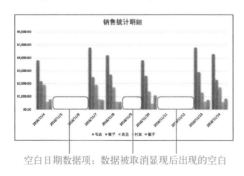

空白日期数据项：数据被取消显现后出现的空白

2．自定义筛选控制图表绘制

第 1 步：打开下载文件"半月报表（自定义筛选）.xlsx"文件，单击"日期"单元格右侧下拉筛选按钮，在下拉列表中选择"之后"筛选项，如下图所示。

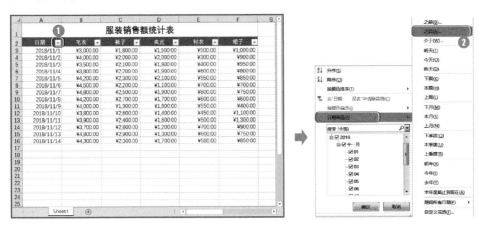

第 2 步：在打开的"自定义自动筛选方式"对话框中设置筛选条件，然后单击"确定"按钮，切换图表的显示，如下图所示。

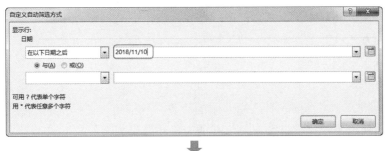

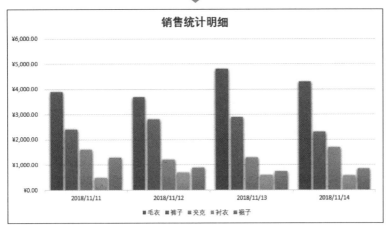

技术支招 直接隐藏数据控制图表显示

相比于通过筛选功能隐藏/显示数据以达到控制图表显示的目的，还有一种方法是手动隐藏行/列控制图表的显示，如下图所示。

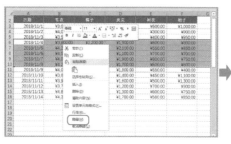 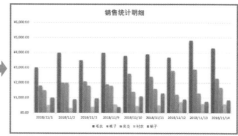

8.1.2　切片器控制图表显示

在用户的惯性思维里，切片器往往与数据透视表、数据透视图联用，控制数透视图、表的数据项显示。虽然这种认识是正确的，但不完全，切片器还能控制静态图表的显示，只不过需要一个"特殊"的数据源：列表。

下面使用切片器与列表发生关联达到控制图表显示的目的，具体操作步骤如下所述。

第 1 步：下载"第 8 章/素材/半月报表（切片器）.xlsx"文件，选择数据主体部分区域，单击"插入"选项卡中的"表格"按钮，在打开的"创建表"对话框中直接单击"确定"按钮，将普通表格转换为列表。如下图所示。

技术支招　**另一种将表格转换为列表的方法**

除了插入表格的方法将普通数据区域表格转换为列表外，还可以通过套用表格样式的方法将普通区域表格转换为列表。

第 2 步：在列表中选择任一数据单元格，单击激活的"表格工具→设计"选项卡中的"插入切片器"按钮，打开"插入切片器"对话框，勾选字段数据复选框，单击"确定"按钮插入切片器，如下图所示。

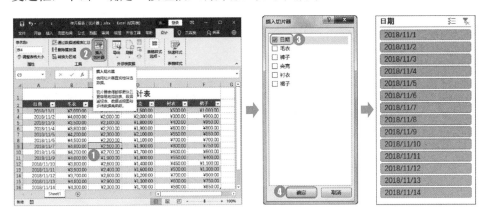

第 3 步：根据列表数据创建图表并设置格式，使用切片器筛选数据，图表随即发生变化，如下图所示。

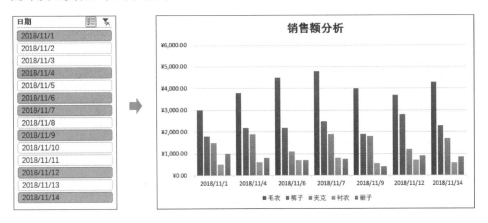

8.1.3　筛选按钮控制数据透视图的显示

表格中制作动态图表最直接的方式是创建数据透视图，然后通过最直接的字段筛选按钮控制图表的绘制，不需要任何工具或数据的操作，是最理想的动态图表之一。创建数据透视图的操作这里就不再赘述，下面为大家演示数据透视图中直接利用字段筛选按钮控制图表的绘制。

第 1 步：下载"第 8 章/素材/半月报表.xlsx"文件，在数据透视图上单击字段筛选按钮，在下拉列表中选择筛选方式选项。如下图所示。

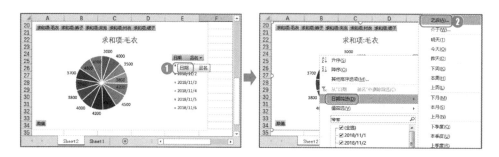

第 2 步：在打开对话框中设置筛选条件，然后单击"确定"按钮，数据透视图中的显示随即发生对应的变化，如下图所示。

8.2　联合动态图表

简易动态图表中，除了数据透视图外，其他几种方法都会显得不自由、不灵活和不专业，特别是在数据报告中，怎样才能让动态图表更加自由、灵活和专业？笔者收集整理了下面几种动态图表制作的简单方法。

在学习和使用这些方法制作动态图表时，一些用户朋友会发现有其他方法或渠道可以实现，但下面这几种方法是从多种方法中挑选出来，更加适合大家，也更符合笔者的出发点：把复杂操作简单化、高效化。

8.2.1　制作最近一周的发货运输费用图

要展示和分析最近一段时间的运费走势情况，如最近一个季度、一个月、一周的运费走势情况，静态图表需要反复重做或更换数据源，带来很多附加操作，费时、费力。

经过多次尝试，笔者将名称、函数与图表巧妙结合，制作出一张实时动态图表，一劳永逸地解决了这个问题，具体操作步骤如下所述。

第 1 步：下载"第 8 章/素材/运费统计分析.xlsx"文件，单击"公式"选项卡中的"定义名称"按钮，打开"新建名称"对话框，在"名称"文本框中输入"RQ"，在"引用位置"文本框中输入函数"=OFFSET(订单表!$E$2,COUNT(订单表!$E:$E)-7,,7)"，然后单击"确定"按钮，如下图所示。

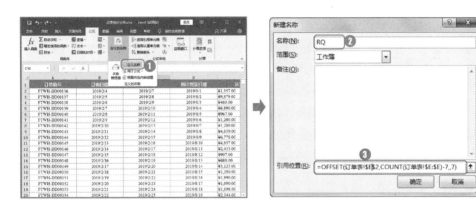

第 2 步：再次打开"新建名称"对话框，设置名称为"DATE"，在"引用位置"文本框中输入函数是"=OFFSET(RQ,,-3)"，单击"确定"按钮，如下左图所示。

第 3 步：在图表中选择第一周图表数据源：C2:C8 和 E2:E8 单元格区域，如下右图所示。

第一周图表数据源：作为周图表的模型数据

第4步：创建需要类型的图表并设置样式，如下图所示。

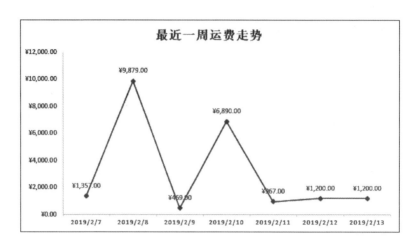

第5步：打开"选择数据源"对话框，单击其中的"编辑"按钮，打开"编辑数据系列"对话框，设置"系列值"为"=订单表! RQ"，"系列名称"为"最近一周运费"，单击"确定"按钮，如下图所示。

第6步：返回到"选择数据源"对话框中，单击"编辑"按钮，打开"轴标签"对话框，设置"轴标签区域"参数为"=订单表!DATE"，然后单击"确定"按钮，如下图所示。

操作提示　**表名称部分不能少**

在"编辑数据系列"和"轴标签"对话框中输入或调用名称时，一定要保留原有的表名称部分："订单表!"，否则 Excel 会因为无法识别而报错。

第 7 步：图表自动识别、比对日期数据，并在图表中进行对应的绘制，如下图所示。

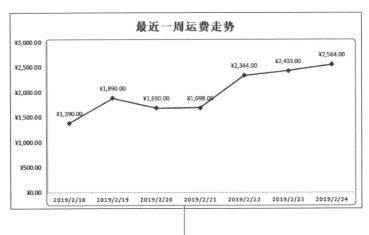

最近一周运费动态报表：自动识别最近一周的日期数据作为横向坐标轴和折线绘制数据

8.2.2　选择性单选系列图表

选择性单选系列图表是图表中只显示指定的单一数据系列。制作的过程并不复杂，只要抓住关键点就可以了。

本例中的关键点在于：同数据区域中动态切换显示每一位业务员的业绩数据和提成数据，同时，还要让图表对应绘制形状。再细化一点：需要掌握选项按钮控件和 CHOOSE 数组函数的使用。

第 1 步：下载"第 8 章/素材/业务提成.xlsx"文件，在 A19 单元格中输入"1"，在 B22:B37 单元格区域中输入 CHOOSE 数组函数"=CHOOSE($A$19,B2:B17,C2:C17)"，按〈Ctrl+Shift+ Enter〉组合键，得出每一位业务员的业绩/提成数据，如下图所示。

技术支招 避免数据匹配错误

为了保证 CHOOSE 函数能根据业务员自动匹配业绩/提成数据，在引用业绩/提成单元格区域时，不能使用绝对引用，否则将会出现所有业务员的业绩/提成数据与第一位业务员的数据完全一样的情况，导致整个数据匹配错误，如下图所示。

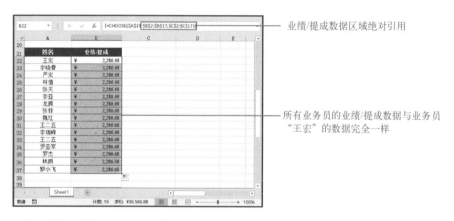

第 2 步：选择 A21:B37 单元格区域，插入柱形图并设置图表样式，如下图所示。

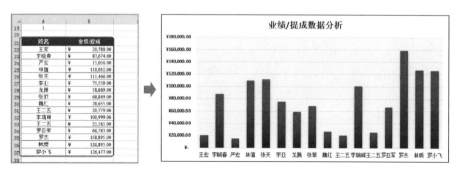

第3步：单击"开发工具"选项卡，单击"插入"按钮，选择"选项按钮（窗体控件）"选项，在图表中的标题位置处绘制选项按钮控件并修改名称为"业绩"，如下图所示。

 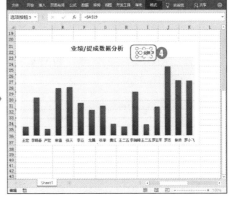

第4步：重复第3步操作，在图表中绘制"提成"选项按钮，然后在"业绩"选项按钮上单击鼠标右键，在弹出的快捷菜单中选择"设置控件格式"命令，打开"设置控件格式"对话框，如下图所示。

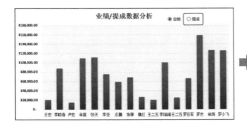 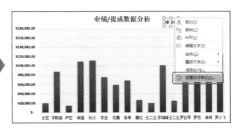

第5步：选中"未选择"选项按钮，设置"单元格链接"参数为"$A$19"，单击"确定"按钮，图表由于没有数据，绘图区出现空白，如下图所示。

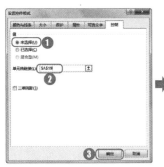 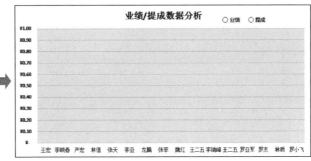

操作提示 **选项按钮控件的参数设置**

在表格中制作的选项按钮控件，它们会自动组成一个工作组，控制参数会同步设置，也就是设置了一个选项按钮控件的控制参数，其他选项按钮控件的参数被同步设置，所以，本例中只设置了一个选项按钮控件的控制参数。

第 6 步：在图表中选中任一选项按钮，如选中"提成"选项按钮，B22:B37单元格区域中自动显示每一位业务员的提成数据，图表中自动绘制出对应的形状，如下图所示。

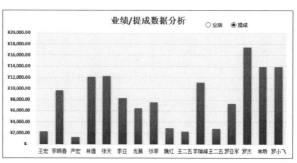

8.2.3 选择性多选系列图表

在一张图表中要允许多个项目数据同时显示或隐藏，单选的选项按钮控件无法实现（多选一），必须借用允许多选（多选多）的复选框控件。

关键点：控制多个单元格区域中的数据显示或隐藏，以控制图表多个数据系列的显示。

第 1 步：下载"第 8 章/素材/费用开支.xlsx"文件，在指定单元格区域制作动态显示数据的区域，并指定复选框控制的引用单元格，如下图所示。

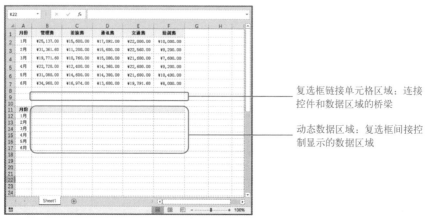

复选框链接单元格区域：连接控件和数据区域的桥梁

动态数据区域：复选框间接控制显示的数据区域

第 2 步：在 B11:B17 单元格区域中输入第一列显示或隐藏动态数据的函数"=IF($B$9= TRUE,B1,"")"，如下左图所示。

第 3 步：分别在 C～F 列单元格区域中输入函数，分别是=IF($C$9=TRUE, C1,"")、=IF($D$9=TRUE,D1,"")、=IF($E$9=TRUE,E1,"")、=IF($F$9=TRUE,F1, "")，如下右图所示。

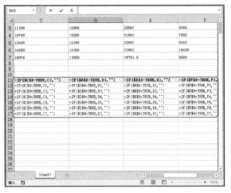

操作提示　公式全部显示

第 3 步操作中是用显示公式功能让单元格区域中的公式全部显示，目的是为了让用户能直观地看到对应列中输入的公式，帮助大家理解和操作。

第 4 步：单击"开发工具"选项卡中的"插入"下拉按钮，选择"复选框（窗体控件）"选项，在表格中绘制复选框控件并将复选框控件名称更改为"管理费"，如下图所示。

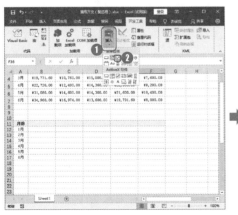
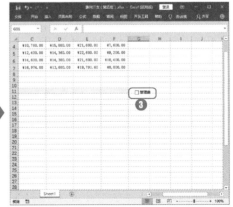

第 5 步：在复选框控件上单击鼠标右键，在弹出的快捷菜单中选择"设置

控件格式"命令，打开"设置控件格式"对话框，设置"单元格链接"参数为
"$B$9"，然后单击"确定"按钮确认，如下图所示。

第 6 步：以同样的方法制作其他复选框控件，并依次设置它们的链接单元
格为 C9、D9、E9、F9，如下左图所示。

第 7 步：将所有的复选框全部勾选，让动态表格区域数据全部正常显示，
如下右图所示。

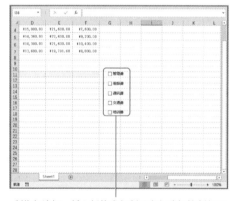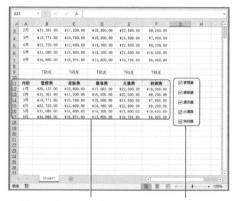

制作复选框：插入新的或复制已有复选框控制勾可　　　显示数据：勾选全部复选框将所有数据正常显示

技术支招　控件选择和对齐方法

在控件上单击鼠标右键将其选中，然后按住〈Shift〉键继续右击其他控件
连续选择，然后单击"绘图工具→格式"选项卡中的"对齐"按钮，在弹出的
下拉选项中选择对应的对齐选项即可，如下图所示。

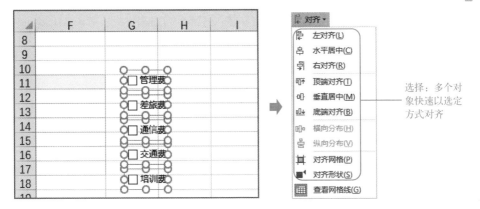

第8步：选择A11:F17单元格区域，插入图表并设置图表格式，然后将其移动到合适位置，如下图所示。

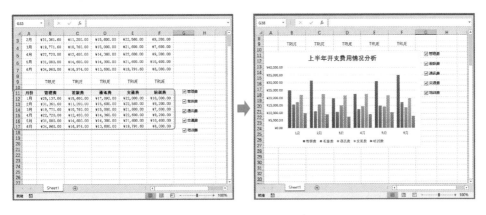

操作提示　**避免图表可能会出现的问题**

必须先插入复选框控件B11:F17单元格区域数据后，才能插入图表，否则创建的图表可能会出问题，如下图所示。

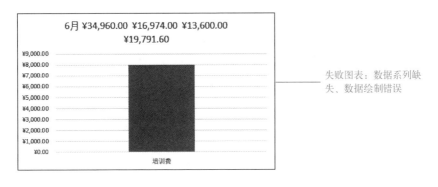

失败图表：数据系列缺失、数据绘制错误

第 9 步：勾选或取消勾选相应的字段复选框，控制图表区域的图形绘制，如下图所示。

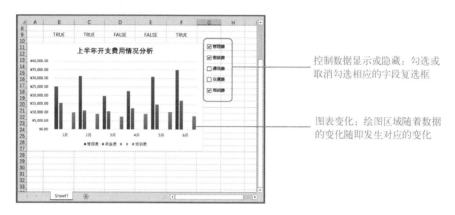

控制数据显示或隐藏：勾选或取消勾选相应的字段复选框

图表变化：绘图区域随着数据的变化随即发生对应的变化

8.2.4 图表数据长度的滚动控制

对于数据项相对较多又与日期时间相关的数据，可在图表中添加滚动条控制日期数据的显示。

关键点：函数动态控制数据的日期长度，滚动条链接动态数据，动态数据作为图表数据系列值和横坐标轴值。

第 1 步：下载"第 8 章/素材/客户订单.xlsx"文件，单击"公式"选项卡中的"定义名称"按钮打开"新建名称"对话框，设置"名称"为"月份"，"引用位置"为"=OFFSET(Sheet1!$A$2, 1,,Sheet1!$D$2,1)"，单击"确定"按钮，如下图所示。

第 2 步：再次打开"新建名称"对话框，设置"名称"为"金额"，"引用位置"为"=OFFSET (Sheet1!$B$2,1,,Sheet1!$D$2,1)"，单击"确定"按钮，如下左图所示。

第 3 步：选择任一数据单元格，单击"折线图"下拉按钮，选择"带数据标记的折线图"选项插入图表，如下右图所示。

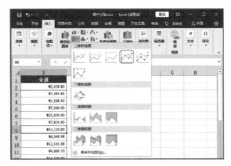

第 4 步：在图表上单击鼠标右键，选择"选择数据"命令打开"选择数据源"对话框，单击"编辑"按钮，打开"编辑数据系列"对话框，如下图所示。

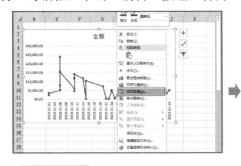

技术支招　为什么没有手动选择数据系列？

在"选择数据源"对话框中若是有多个数据系列，需先选择数据系列选项后，再单击"编辑"按钮对其进行指定编辑。在本例中，由于只有一个"金额"数据系列，Excel 已将其默认选择，所以不需要手动选择。

第 5 步：将"系列值"修改为"=Sheet1!金额"，单击"确定"按钮，返回到"选择数据源"对话框中，单击"编辑"按钮，打开"轴标签"对话框，如下图所示。

第 6 步：将"轴标签区域"修改为"=Sheet1!月份"，单击"确定"按钮，返回到"选择数据源"对话框中，单击"确定"按钮，如下左图所示。

第 7 步：单击"开发工具"选项卡"插入"下拉按钮，选择"滚动条（窗体控件）"选项，如下右图所示。

第 8 步：在图表上绘制滚动条并在其上单击鼠标右键，选择"设置控件格式"命令，打开"设置控件格式"对话框，分别设置"最小值""最大值""步长""页步长"和"单元格链接"为"1""50""1""7"和"$D$2"，然后单击"确定"按钮，如下图所示。

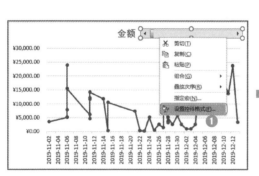

第 9 步：设置图表样式并调整滚动条控制图表绘制，如下图所示。

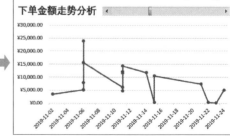

8.2.5 单步控制图表绘制

滚动条控制图表的跨步相对较大，往往是多个数据同时被绘制。若要在图表中单步绘制上一个或下一个数据点，滚动条不太方便且控制不太准确，这时，可以将滚动条控件替换为数字调节钮控件（所有定义的名称、函数、图表都不变，仅仅将滚动条控件替换为数字调节钮控件，然后设置数字调节钮控件的控制参数即可），具体操作步骤如下所述。

第1步：打开下载文件"客户订单（数字调节钮控制图表）.xlsx"，单击"开发工具"选项卡"插入"下拉按钮，选择"数字调节钮（窗体控件）"选项，然后在图表标题合适位置绘制，如下图所示。

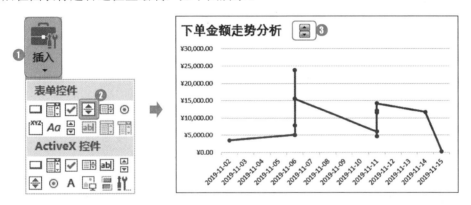

第2步：在绘制的数字调节钮控件上单击鼠标右键，选择"设置控件格式"命令，打开"设置控件格式"对话框，分别设置"最小值"为"1"，"单元格链接"为"$D$2"，然后单击"确定"按钮，如下图所示。

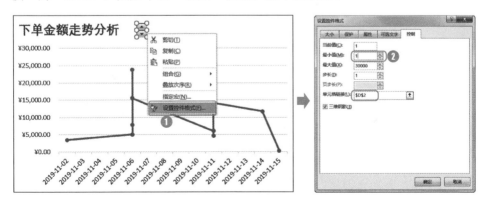

第3步：使用文本框制作说明文本内容，放置在数字调节钮控件旁边，然后单击数字调节钮单步控制图表绘制，如下图所示。

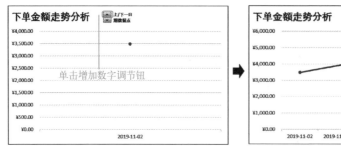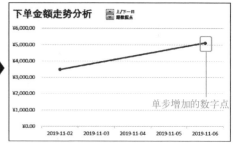

8.2.6 数据选项控制图表绘制

只有几个数据系列时，选项按钮控件可以有效地让图表及时绘制出对应的图形形状。但在备选项较多时，会有较多的选项按钮，不仅增加操作步骤，还会出现控件堆砌冗余。比较理想的方式是使用组合框控件选项和数据验证功能代替它。

关键点：指定选项的切换，选项数据与图表关联。

1．组合框控件实时控制图表显示

第 1 步：下载"第 8 章/素材/考勤动态报表（INDEX）.xlsx"文件，选择 B18:F18 单元格区域，在编辑栏中输入函数"=INDEX(A2:A13,$A$17,)"，按 〈Ctrl+Enter〉组合键，如下左图所示。

第 2 步：在"开发工具"选项卡下单击"控件"组的"插入"下拉按钮，选择"组合框（窗体控件）"选项，如下右图所示。

第 3 步：在图表中绘制组合框控件并在其上单击鼠标右键，在弹出的快捷菜单中选择"设置控件格式"命令，打开"设置控件格式"对话框，如下左图所示。

第 4 步：分别设置"数据源区域"的参数为"$A$2:$A$13"，"单元格链接"为"$A$17"，单击"确定"按钮，如下右图所示。

第 5 步：单击组合框控件下拉按钮，在弹出的下拉选项中选择任一员工，在 B18:F18 单元格区域中显示对应的考勤数据，如下图所示。

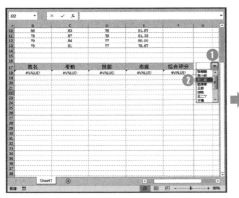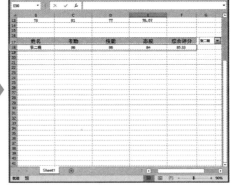

第 6 步：选择 B17:F18 单元格区域创建图表并设置图表格式，如下图所示。

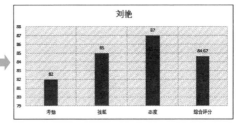

动态图表数据源：选择，然后创建柱形图

第 7 步：重复第 5 步，切换职员选项，即时切换控制图表显示，如下图所示。

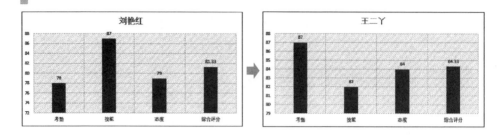

2. 数据验证实时控制图表显示

第 1 步：下载"第 8 章/素材/考勤动态报表（VLOOKUP）.xlsx"文件，选择 A18 单元格，打开"数据验证"对话框，设置"来源"的参数为"=$A$2:$A$13"，也就是姓名数据区域，作为数据验证下拉选项，如下图所示。

第 2 步：分别在 B18、C18、D18 和 E18 单元格中输入 VLOOKUP 函数，分别为：=VLOOKUP($A$18,$A$1:$E$13,2,)、=VLOOKUP($A$18,$A$1:$E$13,3,)、=VLOOKUP($A$18, $A$1:$E$13,4,)、=VLOOKUP($A$18,$A$1:$E$13,5,)，选择 A18 单元格，单击出现的下拉选项按钮，选择职员姓名选项，显示出对应的考勤数据作为创建图表的第一条数据源，然后手动创建和设置图表格式，如下图所示。

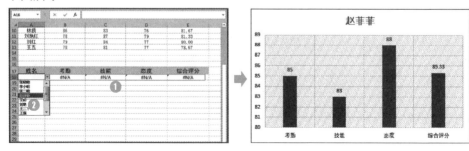

输入 VLOOKUP 函数的其他方法

在 B18:E18 单元格区域中，可一次性输入 VLOOKUP 函数或在 B18 单元格中输入一个 VLOOKUP 函数，然后横向填充到 E18 单元格中，接着依次修改 VLOOKUP 函数的 Col_index_num 参数。

第 3 步：在数据验证下拉选项中切换对应的职员姓名，图表即时切换数据并实时绘制，如下图所示。

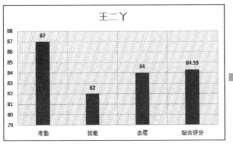 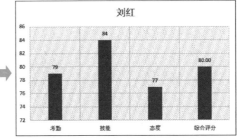

控件选择和绘制的注意点

在绘制组合框控件时，要注意两点：一是必须是表单组合框控件，不能是 ActiveX 控件；二是在绘制组合框控件时不建议单击绘制，因为单击绘制的组合框控件按钮大小可能不太符合需要，最好是按住鼠标左键拖动绘制。

第 9 章

活用分析工具为职业加分

本章导读

　　数据分析是 Excel 的看家本领之一，作为 Excel 达人，必须掌握一些常用的分析工具，除了图表、数据透视图表之外，还需掌握一些更加专业的分析工具，如回归分析、方差分析、模拟分析和方案分析等。

　　本章将介绍那些常用的分析工具，让读者学会分析小规模数据（10 万条以下的数据被称为小规模数据），成为专业的数据分析师。

知识要点

- 创建规划求解模型
- 规划求解配置
- 摘要对比分析
- 临时对比分析
- 一键预测分析
- 移动平均分析
- 单/双模拟计算分析
- 单/双因素方差分析
- 单/双因素回归分析

9.1　资料/人员配置，规划求解更直接

　　如何将有限的资源进行优化配置以产生最大效益或降低成本，使用常规的数据分析工具，如图表、数据透视表等，都无法得出结果，因为这类问题更倾向于数据方程式计算，但不需要我们手动计算，使用规划求解功能能直接计算出结果。

9.1.1　创建规划求解模型

　　规划求解的核心是求解多元一次方程，所以，在计算之前需要在对应的单元格中输入计算公式，告知 Excel 该怎样计算。

　　第 1 步：下载"第 9 章/素材/新项目人员配置计算模型.xlsx"文件，选择D11 单元格，在编辑栏中输入公式"=A11*B4+B11*C4+C11*D4"，按〈Ctrl+Enter〉组合键，如下左图所示。

　　第 2 步：选择 E11 单元格，在编辑框内输入公式"=A11*B3+B11*C3+C11*D3"，按〈Ctrl+Enter〉组合键，如下右图所示。

　　第 3 步：选择 F11 单元格，在编辑框内输入公式"=SUM(A11:C11)"，按〈Ctrl+Enter〉组合键，如下图所示。

9.1.2 规划求解配置

计算模型创建完毕后，随即可以加载并使用"规划求解"分析工具对资料/人员进行自动配置。例如，继续在"新项目人员配置计算模型"中操作，操作步骤如下所述。

第 1 步：单击"开发工具"选项卡，单击"Excel 加载项"按钮，打开"加载项"对话框，如下左图所示。

第 2 步：勾选"规划求解加载项"复选框，单击"确定"按钮加载规划求解，如下右图所示。

第 3 步：单击"数据"选项卡，单击"分析"组中的"规划求解"按钮，打开"规划求解参数"对话框，如下左图所示。

第 4 步：设置"设置目标"参数为"$D$11"，选中"最大值"单选按钮，设置"通过更改可变单元格"参数为 "$A$11:$C$11"，单击"添加"按钮，如下右图所示。

第 5 步：打开"添加约束"对话框，设置"单元格引用"参数为"$A$11:$C$11"，单击运算符下拉按钮，选择"int"选项，单击"添加"按钮，如下左图所示。

第 6 步：打开"添加约束"对话框，设置"单元格引用"参数为"$A$11"，运算符为"<="，在"约束"文本框中输入"13"（一车间最大人数），单击"添加"按钮，如下右图所示。

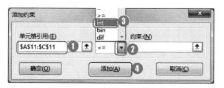

第 7 步：以同样的方法添加其他的约束条件，最后单击"确定"按钮，如下图所示。

第 8 步：返回到"规划求解参数"对话框中，单击"求解"按钮，如下左图所示。

第 9 步：打开"规划求解结果"对话框中，单击"确定"按钮，如下右图所示。

技术支招 | **规划求解方式**

规划求解的方式有 3 种：非线性 GRG、单纯线性规划和演化。其中非线性 GRG 是求解约束极小化问题较好的算法；单纯线性规划是求得唯一最优解的算法；演化是最接近最优解的模糊算法。

第 10 步：在 A11:F11 单元格区域中可以查看到规划求解自动配置的人数、最大产出、最低投入金额和投入总人数，如下图所示。

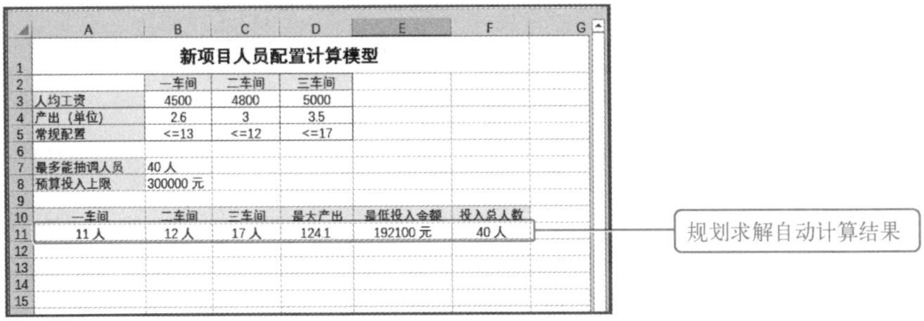

9.2 多套方案对比分析

在面临多套方案的选择、取舍和应用中，除了根据经验进行判定外，大都需要进行数据的对比选择，恰好 Excel 自带这种方案计算分析功能，能让这一切变得简单。

9.2.1 摘要对比分析

在对比多套方案时，可让方案选择器将多套方案的计算结果以摘要的方式呈现，领导或客户直接在摘要中比对，以选出最心仪的方案。下面将 3 份投资方案生成摘要进行直观地对比选择，操作步骤如下所述。

第 1 步：下载"第 9 章/素材/投资方案.xlsx"文件，选择 B3:B5 单元格区域，选择"数据"选项卡，单击"预测"组下的"模拟分析"按钮，选择"方案管理器"选项，如下左图所示。打开"方案管理器"对话框，单击"添加"按钮，打开"添加方案"对话框，如下右图所示。

第 2 步：在"方案名"文本框中输入"投资方案一"，单击"确定"按钮，如下左图所示。打开"方案变量值"对话框，在"1"右侧文本框中输入"320000"，在"2"右侧文本框中输入"26"，在"3"右侧文本框中输入"0.065"，单击"确定"按钮，如下右图所示。

第 3 步：打开"添加方案"对话框，在"方案名"文本框中输入"投资方案二"，单击"确定"按钮，如下左图所示。打开"方案变量值"对话框，在"1"右侧文本框中输入"350000"，在"2"右侧文本框中输入"20"，在"3"右侧文本框中输入"0.059"，单击"确定"按钮，如下右图所示。

第 4 步：打开"添加方案"对话框，在"方案名"文本框中输入"投资方案三"，单击"确定"按钮，如下左图所示。打开"方案变量值"对话框，在"1"右侧文本框中输入"310000"，在"2"右侧文本框中输入"18"，在"3"右侧文本框中输入"0.065"，单击"确定"按钮，如下右图所示。

第 5 步：打开"方案管理器"对话框，单击"摘要"按钮，如下左图所示。打开"方案摘要"对话框，选中"方案摘要"单选按钮，单击"确定"按钮，如下图所示。

第 6 步：在"投资方案"工作簿中，生成"方案摘要"工作表，如下图所示。

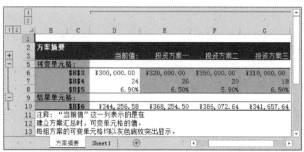

9.2.2　是否需要动态文本框

若要临时查看指定的方案结果，可直接在表格中显示方案数据，方法为：选择方案选项，单击"显示"按钮，在表格中随即显示方案结果，如下图所示。

9.3　未来数据预测

要对未来某一个值、某一系列数据或数据趋势进行预测，不能凭空估计或凭经验预测，最可靠的方式是用相应的数据预测分析工具。Excel 中用于预测未来数据的常用工具有：一键预测分析、移动平均分析和单/双模拟计算分析。

9.3.1　一键预测分析

要根据已有的一系列数据来推断随后一段日期数据的走势和波动情况，使用一般图表无法直接实现，人工推断又会出现差错导致后面的决策失误。笔者推荐 Excel 2016 的一键式预测。

例如，根据 12 月 1 日—12 月 17 日的采购数据，预测下一周采购数据的走势和波动情况，操作步骤如下所述。

第 1 步：下载"第 9 章/素材/未来的采购金额.xlsx"文件，选择 A1:B18 单元格区域，单击"数据"选项卡，单击"预测工作表"按钮，如下左图所示。

第 2 步：在打开的"创建预测工作表"图表中直接绘制出 12 月 18 日—12 月 21 日采购数据的走势和波动情况，如下右图所示。

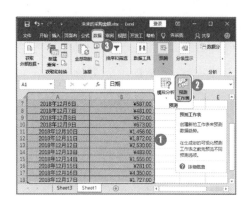

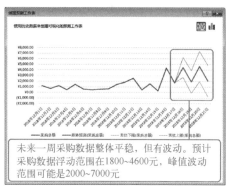

未来一周采购数据整体平稳，但有波动。预计采购数据浮动范围在1800~4600元，峰值波动范围可能是2000~7000元

9.3.2　移动平均分析

若要对未来某一个连续点的数据进行预估、预算，比较保险的方式是使用两次或两次以上的移动平均，多次过滤可能存在风险的数字，让未来数字更加接近于客观实际。

首先，先向大家演示单次移动平均的操作步骤。

第 1 步：下载"第 9 章/素材/移动平均.xlsx"文件，单击"数据"选项卡，单击"数据分析"按钮，打开"数据分析"对话框，如下左图所示。

第 2 步：选择"移动平均"选项，单击"确定"按钮，打开"移动平均"对话框，如下右图所示。

第 3 步：在"输入区域"文本框中输入"$D$1:$D$5"，勾选"标志位于第一行"复选框，在"间隔"文本框中输入"2"，在"输出区域"文本框中输入"$E$2:$E$5"，勾选"图表输出"复选框，单击"确定"按钮，得到第一次移动平均的数字和走势图表，如下图所示。

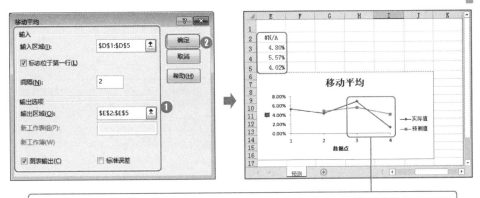

从单次移动平均分析图可以看出2019年一季度的收益率呈下降趋势。根据图表和数据可以预测2019年一季度的收益率的范围可能在4.02%~5.57%

操作提示　为什么移动平均值区域中出现#N/A

移动平均的计算原理是下一个数据加上一个数据然后求平均，一旦上一个数据或下一个数据是非数字，如标题行数据是文本，Excel 就无法正常计算，所以会返回#N/A。

接着，在已有的移动平均结果上再进行一次移动平均，形成多次平均，进一步过滤可能存在风险的数字。

第 1 步：再次打开"数据分析"对话框，选择"移动平均"选项，单击"确定"按钮，打开"移动平均"对话框，在"输入区域"文本框中输入"$D$2:$D$9"，选中"标志位于第一行"复选框，在"间隔"文本框中输入"3"，在"输出区域"文本框中输入"$F$3:$F$9"，勾选"图表输出"复选框，单击"确定"按钮，如下图所示。

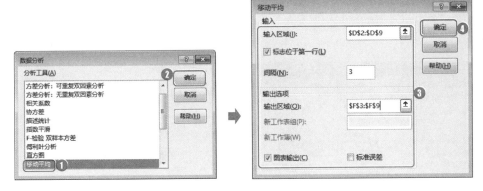

第 2 步：得到的多次移动平均分析如下图所示。

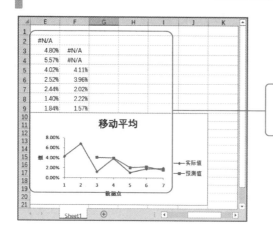

从多次移动平均分析图可以看出9月的收益率呈下降趋势。根据图表和数据可以预测9月的收益率的范围在1.57%~4.11%之间。

9.3.3 单/双模拟计算分析

已知一组变量数据或两组变量数据，要对未来的数据进行对应计算，用单变量或双变量功能求解最直接。

1．单变量求解

第 1 步：下载"第 9 章/素材/还款金额.xlsx"文件，选择 B5 单元格，在编辑栏中输入函数"=PMT(B1/12,B2,B3)"，按〈Ctrl+Enter〉组合键。如右图所示。

第 2 步：单击"数据"选项卡，单击"模拟分析"下拉按钮，选择"单变量求解"选项，打开"单变量求解"对话框，如下左图所示。

第 3 步：在"目标单元格"文本框中输入"B5"，在"目标值"文本框中输入"-5000"，在"可变单元格"文本框中输入"$B$3"。单击"确定"按钮，如下右图所示。

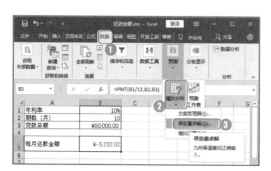

第 4 步：在打开的"单变量求解状态"对话框中可看到当前解的值，单击"确定"按钮，如下图所示。

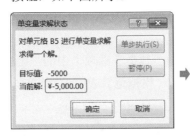 

2．单变量模拟计算分析

第 1 步：下载"第 9 章/素材/浮动利率下的还款金额.xlsx"文件，选择 D2 单元格，在编辑栏中输入函数"=PMT(C2,B2,A2)"，按〈Ctrl+Enter〉组合键，如下左图所示。

第 2 步：选择 C2:D11 单元格区域，单击"数据"选项卡中的"模拟分析"下拉按钮，选择"模拟运算表"选项，打开"模拟运算表"对话框，如下右图所示。

 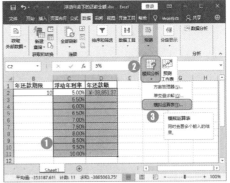

第 3 步：在"输入引用列的单元格"文本框中输入"$C$2"，单击"确定"按钮，得到在浮动年利率变动下的年还款额，如下图所示。

3．双变量模拟计算分析

第 1 步：下载"第 9 章/素材/浮动利率下的还款金额 1.xlsx"文件，选择 B4 单元格，在编辑栏中输入函数"=PMT(B3,B2,B1)"，按〈Ctrl+Enter〉组合键。如下左图所示。

第 2 步：选择 B4:G9 单元格区域，单击"数据"选项卡中的"模拟分析"下拉按钮，选择"模拟运算表"选项，打开"模拟运算表"对话框，如下右图所示。

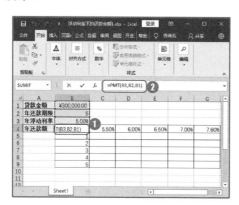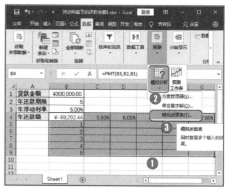

第 3 步：在"输入引用行的单元格"文本框中输入"$B$3"，"输入引用列的单元格"文本框中输入"$B$2"，单击"确定"按钮，得到在年浮动利率和年还款期限变动下的年还款额，如下图所示。

9.4　数据相关性分析

分析两组数据或多组数据之间相关性，如广告投入与市场份额、培训与产出、季节与旅游人次等，除了人为对比外，用 Excel 的智能分析工具效率更高。

9.4.1　单/双因素方差分析

在数据分析中非常看重一组数据对另一组数据的影响，有时会直接决定某个项目、方案的取舍，如投资中广告的投入与收益回报、季节变化与电器销量等，若是向理想的方向发展，则是正影响，反之，则是负影响。

怎样科学有效地分析判定呢？下面推荐两种分析方法：单因素方差分析和双因素方差分析。

1．单因素方差分析

第 1 步：下载"第 9 章/素材/新旧经营方案.xlsx"文件，单击"数据"选项卡中的"数据分析"按钮，打开"数据分析"对话框，选择"方差分析：单因素方差分析"选项，单击"确定"按钮，如下图所示。

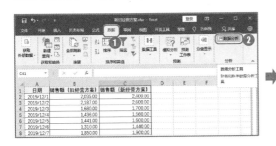

第 2 步：打开"方差分析：单因素方差分析"对话框，在"输入区域"文本框中输入"$B$2:$C$8"，在"输出区域"文本框中输入"$A$10"，单击"确定"按钮，得到的单因素方差分析结果，如下图所示。

单因素方差分析的主要关键点是"求和""平均""方差"和"F"值。从下右图来看，新经营方案的和 13200 比旧经营方案的和 11939 大，新经营方案更适合。旧经营方案和新经营方案的平均值相差无几，较为均衡。但得出的方差分析结果 F 值 0.734067 接近 1，证明新经营方案比旧经营方案更有积极影响。得出结论：新经营方案比旧经营方案经济效益更高，企业更适合选择新经营方案。

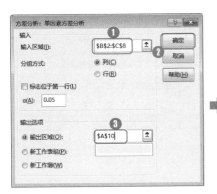
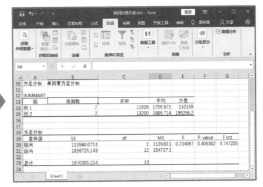

2．双因素方差分析

第 1 步：下载"第 9 章/素材/销售额分析.xlsx"文件，单击"数据"选项卡中的"数据分析"按钮，打开"数据分析"对话框，选择"方差分析：无重复双因素分析"选项，单击"确定"按钮，打开"方差分析：无重复双因素分析"对话框，如下图所示。

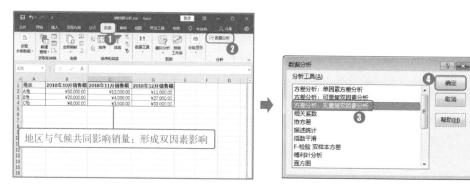

第 2 步：在"输入区域"文本框中输入"$A$1:$D$4"，勾选"标志"复选框，在"输出区域"文本框中输入"$A$6"，单击"确定"按钮，得到的双因素方差分析结果，如下图所示。

从双因素方差分析效果图来看，2018 年 10 月 A 地销售额最大，2018 年 11 月 A 地销售额最大，2018 年 12 月 C 地销售额最大；A 地 2018 年 10 月销售额最大，B 地 2018 年 12 月销售额最大，C 地 2018 年 12 月销售额最大；A、B、C 三地 2018 年 10—12 月中，A 地 2018 年 10 月销售额最大。从方差分析图来看，列 F 值 1.246768 大于行 F 值 0.272524，说明月份比地区对销售额的影响更显著。

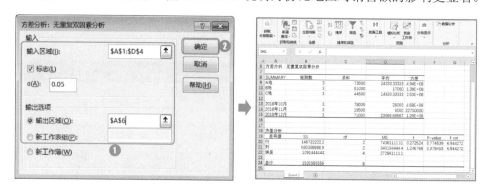

9.4.2 单/双因素回归分析

回归分析是一种预测性的建模技术，主要用于分析因变量（目标）和自变量（预测器）之间的关系，可简单将其理解为"因果"关系，回归分析大量被用于数据预测分析中。Excel 自带的回归分析只有两类：单因素回归分析和双因素回归分析，其他的回归分析，有兴趣的朋友可自行研究拓展。

1. 单因素回归分析

第 1 步：下载"第 9 章/素材/广告费.xlsx"文件，打开"数据分析"对话框，选择"回归"选项，单击"确定"按钮，打开"回归"对话框，如下左图所示。

第 2 步：在"Y 值输入区域"文本框中输入"$B$2:$B$11"，在"X 值输入区域"文本框中输入"$A$2:$A$11"，在"输出区域"文本框中输入"$A$13:$K$26"，勾选"线性拟合图"和"正态概率图"复选框，单击"确定"按钮，如下右图所示。

第 3 步：随即得到展示和分析广告费与市场份额的几组数据和图表，得出广告费支出与市场占有份额之间呈正相关的结论，如下图所示。

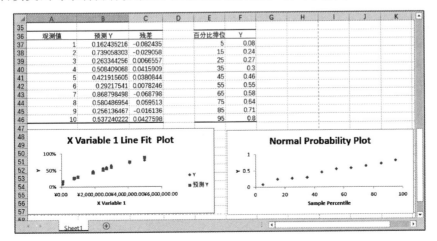

2．双因素回归分析

第 1 步：下载"第 9 章/素材/双因素回归分析.xlsx"文件，打开"数据分析"对话框，选择"回归"选项，单击"确定"按钮，打开"回归"对话框，如下左图所示。

第 2 步：在"Y 值输入区域"文本框中输入"$A$2:$A$10"，在"X 值输入区域"文本框中输入"$B$2:$C$10"，在"输出区域"文本框中输入"$E$1"，勾选"线性拟合图"和"正态概率图"复选框，单击"确定"按钮，如下右图所示。

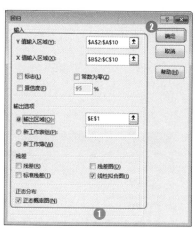

第 3 步：随即得到的双因素回归分析数据和图表，如下图所示。

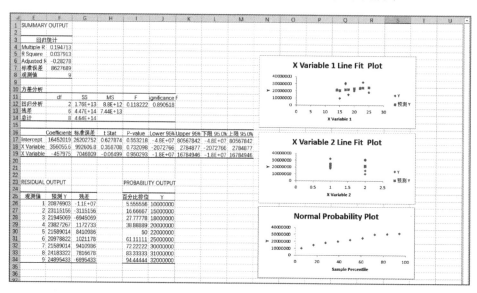

知识加油站　其他回归分析

除了单/双因素回归分析外，另外还有3种常用的回归分析，这里作为拓展知识加以简单介绍。

1）线性回归（Linear Regression）：利用线性回归方程的最小平方函数对一个或多个自变量和因变量之间关系进行建模的一种回归分析，是最常用的回归分析方法。线性回归分析图如下所示。

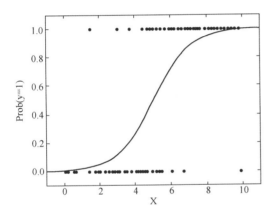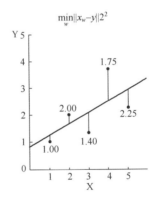

2）逻辑回归（Logistic Regression）：逻辑回归本质上是线性回归，只是在特征到结果的映射中加入了一层函数映射，即先把特征线性求和，然后使用函数 g(z)作为假设函数来预测。下面是两张逻辑回归分析图如下所示。

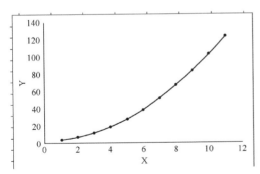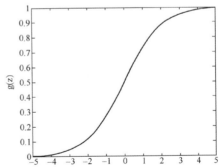

3）多项式回归（Polynomial Regression）：一个因变量与一个或多个自变量间的多项式关系。自变量只有一个时，称为一元多项式回归，自变量有多个时，称为多元多项式回归，多项式回归分析图如下所示。

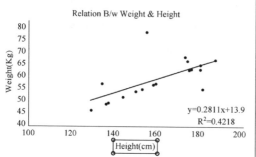

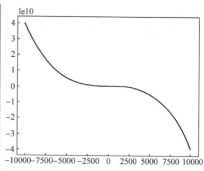

第 10 章

用数据分析报告获取领导和客户的心

本章导读

对于较为重要或正式的场合，数据分析结果需要制作成数据分析报告呈现给领导或客户，让他们直观地看出或发现数据中蕴藏的规律、趋势及潜在的问题、风险等，辅助他们科学、准确地制定各种策略或战略战术，稳步实现预期目标。

在本章中，笔者会手把手地教读者怎样制作数据分析报告。其中，会穿插几款经典的 Excel 数据模型。

知识要点

- ♦ 什么是数据分析报告
- ♦ 数据分析报告的结构
- ♦ 预测性收益模型
- ♦ 使用 Excel 制作数据分析报告

- ♦ 数据分析报告的制作软件有哪些
- ♦ 数据分析报告的论述要求
- ♦ 敏感性模型
- ♦ 打印 Excel 数据分析报告

10.1　数据分析报告简介

　　分析数据是 Excel 的重要功能之一，作为合格的 Excel 使用者不仅要能分析、会分析、善于分析，还需要将分析结果以直观的方式"展示"或"演示"给客户或领导，让他们心里的疑惑和问题得到回答，信息得到补充或验证等，辅助他们做出一系列的决策。

10.1.1　什么是数据分析报告

　　数据分析报告是判断项目可行性的重要依据，它通过分析某个对象的数据，全方位反映出该项目的现状、规则、本质和问题等信息并得出结论，为决策者提供可靠的数据依据，降低运营或投资风险。数据分析报告具有 3 个最明显的特性，如下图所示。

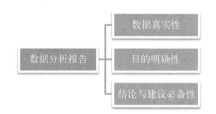

　　同时，它还必须注重 4 个核心点（根据需要任意选择组合），如下图所示。

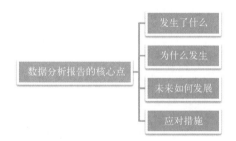

　　数据分析报告的种类较多，下面介绍 3 种应用范围较广的数据分析报告。

1．专项数据分析报告

　　专项数据分析报告对指定数据进行专项分析，如部门考勤或薪资分析等，具有两个明显的特点：针对性和精细性。

- 针对性：专项数据分析报告只针对某一点进行分析，如某公司员工薪酬提升率分析。
- 精细性：由于专项数据分析报告只针对一个点进行分析，所以在分析的时候会更加突出重点，不仅分析得更加具体，还能提出准确的建议。

2．整体数据分析报告

整体数据分析报告全面分析某一数据，如某一地区、某一企业的整体情况。它具有两个特点：全面性和关联性。

- 全面性：将某一地区或某一企业视为一个整体，然后从宏观角度全面分析出对象的整体信息，得出对对象的整体认识并做出评价。
- 关联性：整体数据分析报告将对象中一些互相关联的现象归类，分析这些现象之间的联系，研究这些现象之间的比例是否协调，是否能彼此适应。

3．定期数据分析报告

定期数据分析报告分析计划执行中的某些现象数据，得出现象对计划的影响及这些现象出现的原因，同时得出计划执行的情况。它具有 3 个特点：进展性、标准性和时效性。

- 进展性：在定期数据分析报告中必须将计划的进展及计划执行的时间相结合，来判断计划执行得是否健康，所以在报告中需要计算并使用数据突出标注计划的进展。
- 标准性：由于定期数据分析报告是定期向公司决策者提供的文件，所以作为一个例行文件就形成了一些特有的结构标准。
- 时效性：定期数据分析必须及时向决策者提供，决策者才能根据其中的信息做出正确判断，稍有贻误就可能导致失去先机，造成损失，所以定期数据分析报告具有时效性。

10.1.2　数据分析报告的制作软件

在工作中制作数据分报告的 3 款软件分别是 Word、Excel 和 PPT。其中，Word 和 PPT 的使用最为广泛，Excel 相对使用较少且多用于团队内部。在下表中分别展示了 3 款软件制作数据分析报告的优缺点。

特点 ＼ 软件	Word	Excel	PPT
优点	排版方便，易于打印	数据运算功能强大并且可以实时更新	内容元素多，展示效果和演示效果强大
缺点	不易演示	不易演示	不适合文字多的内容
适用性	所有数据分析报告	定期数据分析报告	整体数据分析报告专项数据分析报告

10.1.3　数据分析报告的结构

一份完整的数据分析报告的核心模块包含 3 部分：引导语、主体和结尾。下面分别介绍。

1．引导语

引导语说明分析的目的、对象、范围、经过情况、收获和基本经验等。引导语必须抓住主旨，扣住中心内容，使读者对调查分析有一个整体认识；或提出领导所关注和调查分析迫切需要解决的问题。

> **操作提示**　**数据分析报告不一定必须完整**
>
> 在不同的软件中制作或在不同的对象场合，数据分析报告中不一定 3 个部分全部都具备，如只展示最近一段时期的订单情况，只需有主体部分，结论或建议可以不用给出，由领导自己得出。

2．主体

主体是数据分析报告的主要部分，展示说明客观的事实、情况、原因、经验或问题等，并分成多个模块，用标题或小标题划分。主体部分通常有以下 4 种基本的构成形式（主要用在 Word 和 PPT 报告中，Excel 稍微特殊一些）。

- 分述式：多用来描述对事物多角度、多侧面分析的结果，特点是涉及面广。
- 层进式：主要用来表现对事物逐层深化的认识，适用于深入研究的数据分析报告。
- 三段式：由现状、原因和对策构成。
- 综合式：主体部分将上述各种结构形式融为一体，加以综合运用。

3．结尾

一般是总结或建议的描述性内容，可有下图所示的几种方式。

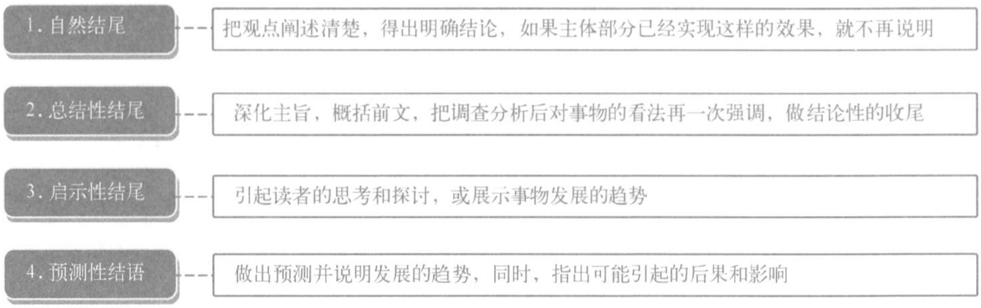

1. 自然结尾	---	把观点阐述清楚，得出明确结论，如果主体部分已经实现这样的效果，就不再说明
2. 总结性结尾	---	深化主旨，概括前文，把调查分析后对事物的看法再一次强调，做结论性的收尾
3. 启示性结尾	---	引起读者的思考和探讨，或展示事物发展的趋势
4. 预测性结语	---	做出预测并说明发展的趋势，同时，指出可能引起的后果和影响

10.1.4　数据分析报告的论述要求

数据分析报告的论述风格千变万化，但有 3 点明确的要求，具体如下所述。

1．数据可靠

数据分析报告中所有的挖掘、展示、分析、预测和评估等结果都是来自数据分析，它占整个数据分析报告制作时间和耗费精力的 60%，数据分析是根本。所以，在数据抓取、收集或整理的过程中，必须保证数据来源的可靠、真实。

2．标准统一

数据分析报告中所使用的名词术语一定要规范，标准统一，前后一致。

3．通俗易懂

数据分析报告是给领导、同事或客户看的，为了让他们读懂，在编写数据分析报告时必须使用通俗易懂的描述性语句，不建议使用或频繁使用特别专业的名词、术语（不是每个人都是专业的数据分析师），同时，尽量避免使用大众不容易看懂的类型的图表。若是必须使用请添加相应的注解。

10.2　Excel 数据建模

数据模型，虽然在这里才提出这个说法、概念，但在前面的章节中已经制作过并使用过，如单/双模拟计算、方案计算、规划求解等。可简单理解为计算方式和限制条件的人为约定。数据模型大体分为 3 部分：限制条件、计算公式和变量。如下图所示是规划求解模型（公式全部显示的状态）。

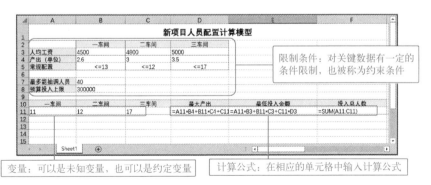

虽然数据模型有无数种类型，但思路模式大同小异，下面介绍两种较为典型的数据模型，帮助读者打开思路。

10.2.1 预测性收益模型

在金融投资机构中工作的人员，在经营或投资前，会创建预测性收益模型，在保证风险可控的同时将收益最大化。在创建模型时，可以把收益情况进行预估并绘制出模型架构图，这里以图书销售为例。

1．单条件预测性模型

营业收入来源于图书销售和售后服务。其中，图书销售的收入由纸质图书和电子图书构成，预计在 60 万元，预计明后两年的增长率在 2%；售后服务收入预计 2.5 万元左右，且较为固定。成本投入主要在薪资和售后管理。其中，薪资费用=职员人数×人均年薪资（5 万元）；售后管理费 1.5 万元。营业利润：营业收入-成本投入。根据上面的预估，可以制作出下面的模型。

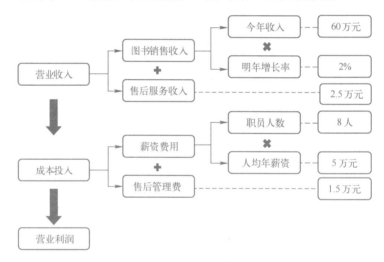

根据上面的模型，可以创建一份投资经营收益预测的表单，如下图所示。

		第1年	第2年	第3年
投资经营收益预测				
营业收入	万元	62.5	64.4	66.3
图书销售	万元	60.0	61.8	63.7
增长率	%	N/A	3.0%	3.0%
售后服务	万元	2.5	2.6	2.7
成本支出	万元	41.5	41.5	41.5
薪资费用	万元	40	40	40
职员人数	人	8	8	8
人均年薪	万元	5	5	5
售后管理费	万元	1.5	1.5	1.5
营业利润	万元	21.0	22.9	24.8

2. 多条件预测性模型

多条件预测性模型，可以进行多种情况或方案的预测（投资经营活动中变化较大，多条件预测性模型分析更加合理），如甲方案、乙方案和丙方案的悲观情况、一般情况和乐观情况等。

这里仍然以图书销售为例，列出 3 种情况：悲观情况、一般情况和乐观情况。

- 悲观情况：由于网络的便利，各种网页和线上教育对传统纸媒的冲击较大，预计图书销售额会呈现负增长，范围在-5%左右。用人成本每年增加 1 万元，同时职员每年会减少 2 人。售后服务费用每年减少 0.3 万元，售后管理费用每年增加 5%，如下图所示。

	A	B	C	D	E
1	投资经营收益预测				
2			第1年	第2年	第3年
3	营业收入	万元	62.5	59.2	56.1
4	图书销售	万元	60.0	57.0	54.2
5	增长率	%	N/A	-5.0%	-5.0%
6	售后服务	万元	2.5	2.2	1.9
7	成本支出	万元	41.5	37.6	29.7
8	薪资费用	万元	40	36	28
9	职员人数	人	8	6	4
10	人均年薪	万元	5	6	7
11	售后管理费	万元	1.5	1.575	1.65375
12	增长率	%	N/A	5.0%	5.0%
13	营业利润	万元	21.0	21.6	26.4
14					

- 一般情况：纸质书籍仍然是不可替代的阅读介质，市场总体份额不变，图书销售额、增长率和售后服务收入不变，如下图所示。

	A	B	C	D	E
1	投资经营收益预测				
2			第1年	第2年	第3年
3	营业收入	万元	62.5	64.4	66.3
4	图书销售	万元	60.0	61.8	63.7
5	增长率	%	N/A	3.0%	3.0%
6	售后服务	万元	2.5	2.6	2.7
7	成本支出	万元	41.5	41.5	41.5
8	薪资费用	万元	40	40	40
9	职员人数	人	8	8	8
10	人均年薪	万元	5	5	5
11	售后管理费	万元	1.5	1.5	1.5
12	营业利润	万元	21.0	22.9	24.8
13					
14					
15					
	Sheet1				

- 乐观情况：由于加大对图书内容的创新，质量的把控，加上营销渠道的不断扩展，销售额增长率将会达到 5%左右。售后服务收入将会增加到 3 万元，职员人数每年减少 1 人，年度薪资每年增加 0.5 万，如下

图所示。

投资经营收益预测		第1年	第2年	第3年
营业收入	万元	62.5	66.0	69.2
图书销售	万元	60.0	63.0	66.2
增长率	%	N/A	5.0%	5.0%
售后服务	万元	2.5	3.0	3.0
成本支出	万元	41.5	40.0	37.5
薪资费用	万元	40	38.5	36
职员人数	人	8	7	6
人均年薪	万元	5	5.5	6
售后管理费	万元	1.5	1.5	1.5
营业利润	万元	21.0	26.0	31.7

然后，将 3 种情况营业利润的数据用图表直观展示，如下图所示。

	第1年	第2年	第3年
营业利润（悲观）	¥ 21.00	¥ 21.63	¥ 26.40
营业利润（一般）	¥ 21.00	¥ 22.88	¥ 24.81
营业利润（乐观）	¥ 21.00	¥ 26.00	¥ 31.65

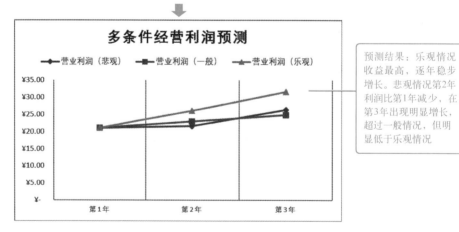

预测结果：乐观情况收益最高，逐年稳步增长。悲观情况第2年利润比第1年减少，在第3年出现明显增长，超过一般情况，但明显低于乐观情况

10.2.2 敏感性模型

预测一个数据的变化会影响另一个或另一组数据变化的模型称为敏感性模型。在分析之前需要创建一个敏感性模型，这里仍然以图书销售为例，其中变化的因素是职员人数影响增长率和营业利润，如下图所示。

在职员人数与增长率相互影响的情况下，对营业利润数据进行预算，然后选择一种符合自身发展规律的投资经营模式。为此下面根据已有的数据创建双因素的敏感性模型（职员人数和增长率同时变化的情况下，营业利润数据发生变化，其实就是双因素模拟运算模型），操作步骤如下所述。

第 1 步：打开下载文件"数据建模（敏感性分析）.xlsx"，在表单下边区域输入在职人数与增长率变化的数据，如下图所示。

第 2 步：在 A15 单元格中输入利润计算公式"=E12"，按〈Enter〉键确认，如下图所示。

引用计算方式

在 A15 单元格中，可以将 C12～E12 之间的任意一个单元格作为模型中利润的计算方式，因为它们都已经带有职员人数、增长率直接决定营业利润的计算方式。

第 3 步：选择 A15:F20 单元格区域，单击"数据"选项卡"模拟分析"下拉按钮，选择"模拟运算表"选项，打开"模拟运算表"对话框，如下图所示。

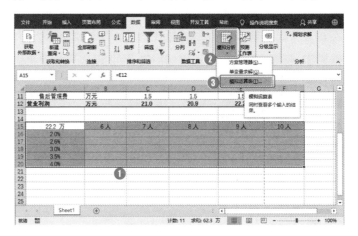

第 4 步：将"输入引用行的单元格"参数设置为"$E$9"，"输入引用列的单元格"参数设置为"$E$5"，单击"确定"按钮，如下图所示。

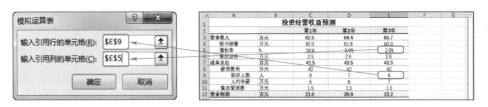

引用单元格的要求

在计算模型中职员人数的变化值 B15:F15 单元格区域处于行的位置，所以在"模拟运算表"中需要将表示职员人数的单元格 E9 作为"输入引用行的单元格"的参数。增长率的变化值 A15:A20 单元格区域处于同一列中，所以将表示增长率的单元格 E5 作为"输入引用列的单元格"的参数。

第 5 步：Excel 自动根据职员人数和增长率计算出对应的利润数据，如下图所示。

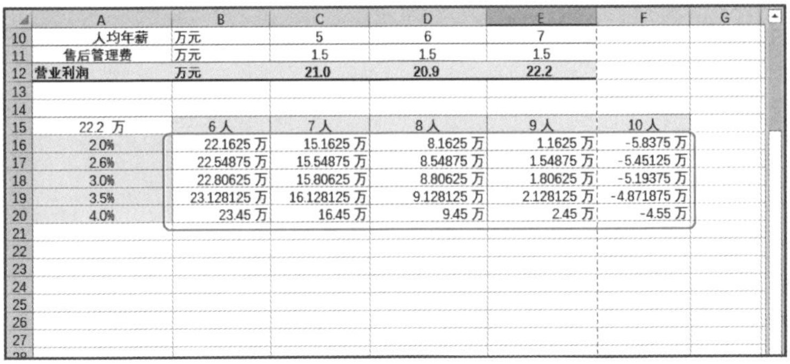

	A	B	C	D	E	F	G
10	人均年薪	万元	5	6	7		
11	售后管理费	万元	1.5	1.5	1.5		
12	营业利润	万元	21.0	20.9	22.2		
13							
14							
15	22.2 万	6人	7人	8人	9人	10人	
16	2.0%	22.1625 万	15.1625 万	8.1625 万	1.1625 万	-5.8375 万	
17	2.5%	22.54875 万	15.54875 万	8.54875 万	1.54875 万	-5.45125 万	
18	3.0%	22.80625 万	15.80625 万	8.80625 万	1.80625 万	-5.19375 万	
19	3.5%	23.128125 万	16.128125 万	9.128125 万	2.128125 万	-4.871875 万	
20	4.0%	23.45 万	16.45 万	9.45 万	2.45 万	-4.55 万	
21							
22							
23							
24							
25							
26							
27							

10.3　使用 Excel 制作数据分析报告

上面讲解了数据分析报告的相关知识，下面为大家讲解如何使用 Excel 制作数据分析报告。

Excel 数据分析报告的本质是一张动态表格，包含动态数据区域、动态图表和报告小标题，能有效满足一般数据分析报告的需求。

Excel 数据分析报告的关键点：动态区域数据、数据通报展示区域、数据分析报告转换区、动态标题区和动态数据分析报告图表。

下面以使用 Excel 制作一份销售毛利数据分析报告为例，讲解相关的思路和操作步骤。

1．制作动态区域数据

第 1 步：下载"第 10 章/素材/毛利报告.xlsx"文件，在 G1:K1 单元格区域中输入的"日期""广告投入""销售额""毛利"和"累计毛利"数据，如下图所示。

G39			× ✓ fx			
	G	H	I	J	K	L
1	日期	广告投入	销售额	毛利	累计毛利	
2						
3						
4						
5						
6						
7						
8						
9						
10						
11						
12						
13						

第 2 步：单击"开发工具"选项卡中的"插入"下拉按钮，选择"组合框（窗体控件）"选项，在表格中绘制组合框控件，然后，在其上单击鼠标右键，选择"设置控件格式"命令，打开"设置控件格式"对话框，如下图所示。

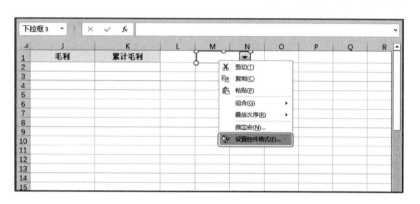

第 3 步：设置"数据源区域"参数为"$A$3:$A$13"、"单元格链接"参数为"$L$1"，单击"确定"按钮，如下图所示。

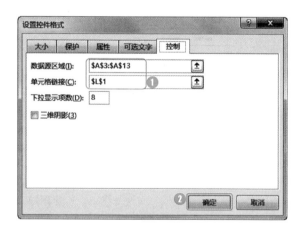

操作提示 **数据源区域设置稍有不同**

在本例中没有 2018 年 12 月的毛利数据，所以 2019 年 1 月没有上一月数据，为了解决这个问题，设置组合框控件的"数据源区域"的引用单元格是"$A$3:$A$13"而不是"$A$2:$A$13"。

第 4 步：选择 G2:K4 单元格区域，在编辑栏中输入函数"=OFFSET(A1, $L$1,0)"，按〈Ctrl+Enter〉组合键获取初次数据，如下图所示。

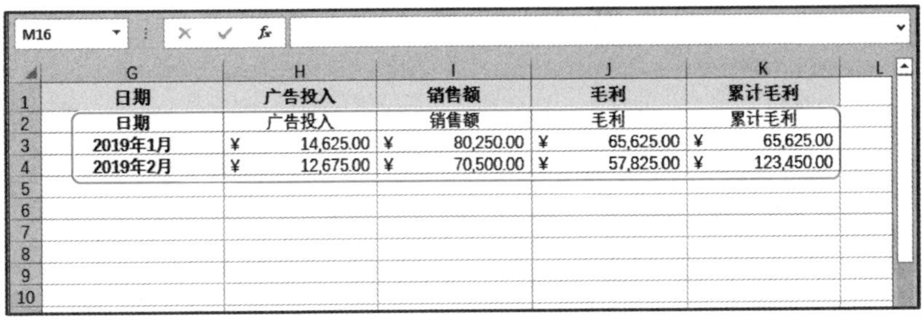

| DB | ▼ | : | × | ✓ | fx | =OFFSET(A1,$L$1,0) | ② |

	G	H	I	J	K
1	日期	广告投入	销售额	毛利	累计毛利
2	=OFFSET(A1,$L$1,0)				
3					
4					
5			①		
6					
7					
8					
9					
10					

| M16 | ▼ | : | × | ✓ | fx | |

	G	H	I	J	K	L
1	日期	广告投入	销售额	毛利	累计毛利	
2	日期	广告投入	销售额	毛利	累计毛利	
3	2019年1月	¥　14,625.00	¥　80,250.00	¥　65,625.00	¥　65,625.00	
4	2019年2月	¥　12,675.00	¥　70,500.00	¥　57,825.00	¥　123,450.00	
5						
6						
7						
8						
9						
10						

第 5 步：单击组合框下拉按钮，选择"2019 年 4 月"选项，让 G2:K4 单元格区域自动显示出对应的数据（3—5 月数据），如下图所示。

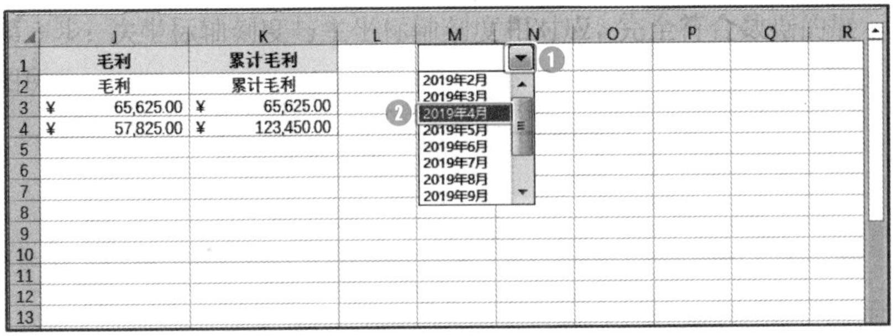

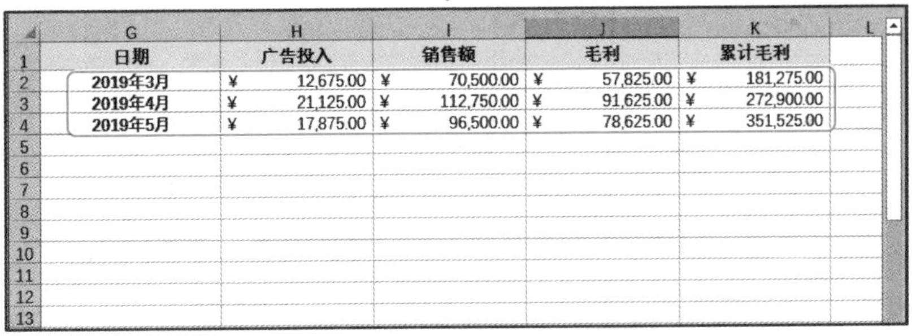

	J	K	L	M	N	O	P	Q	R
1	毛利	累计毛利			▼	①			
2	毛利	累计毛利		2019年2月					
3	¥　65,625.00	¥　65,625.00	②	2019年3月					
4	¥　57,825.00	¥　123,450.00		2019年4月					
5				2019年5月					
6				2019年6月					
7				2019年7月					
8				2019年8月					
9				2019年9月					
10									
11									
12									
13									

	G	H	I	J	K	L
1	日期	广告投入	销售额	毛利	累计毛利	
2	2019年3月	¥　12,675.00	¥　70,500.00	¥　57,825.00	¥　181,275.00	
3	2019年4月	¥　21,125.00	¥　112,750.00	¥　91,625.00	¥　272,900.00	
4	2019年5月	¥　17,875.00	¥　96,500.00	¥　78,625.00	¥　351,525.00	
5						
6						
7						
8						
9						
10						
11						
12						
13						

2．制作数据通报展示区域

第 1 步：输入数据制作数据通报展示区域表格架构，接着选择 H12 单元格，在编辑栏中输入"=H3"，按〈Ctrl+Enter〉组合键获取本月对应的"广告投入"数据，如下图所示。

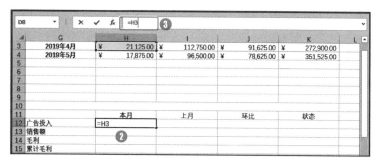

第 2 步：选择 I12 单元格，在编辑栏中输入"=H2"，按〈Ctrl+Enter〉组合键获取上月对应的"广告投入"数据，如下图所示。

第 3 步：选择 J12 单元格，在编辑栏中输入"=H12/I12-100%"，计算本月相对于上一月的"环比"数据，如下图所示。

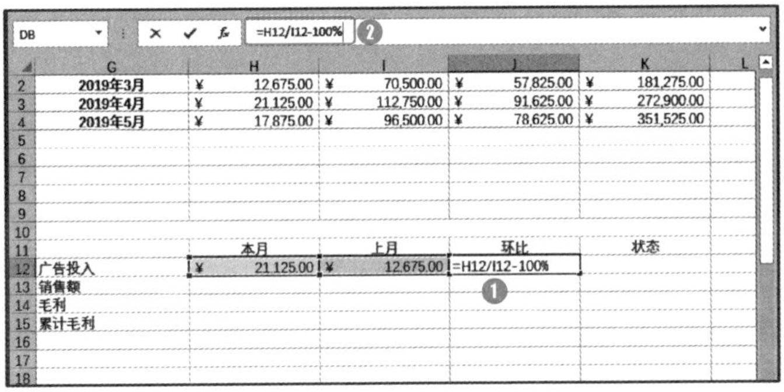

知识加油站　环比、同比

环比，与上一统计段比较，反映本期比上期增长了多少，公式为：环比增长率=（本期数-上期数）/上期数×100%；同比，与历史同时期比较，如和去年同期相比较的增长率，公式为：同比增长率=（本期数-同期数）/同期数×100%。

第 4 步：选择 K12 单元格，在编辑栏中输入 IF 嵌套函数“=IF(J12>0,"上升",IF(J12=0,"持平","下降"))”，根据“环比”数据自动判定“状态”，如下图所示。

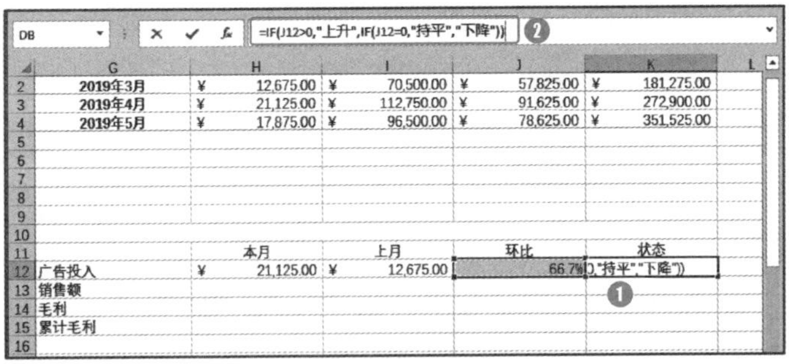

第 5 步：选择 H13 单元格，在编辑栏中输入“=I3”，引用本月“销售额”数据，如下图所示。

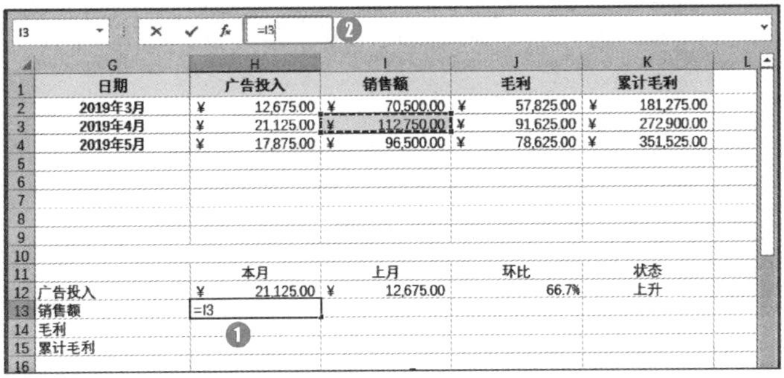

第 6 步：选择 I13 单元格，在编辑栏中输入"=I2"，引用上月"销售额"数据，如下图所示。

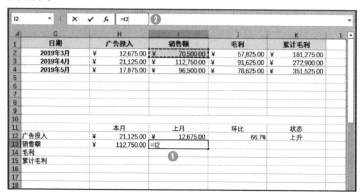

第 7 步：选择 H14 单元格，在编辑栏中输入"=J3"，引用本月"毛利"数据，如下图所示。

第 8 步：选择 I14 单元格，在编辑栏中输入"=J2"，引用上月"毛利"数据，如下图所示。

第 9 步：选择 H15 单元格，在编辑栏中输入"=K3"，引用本月"累积毛利"数据，如下图所示。

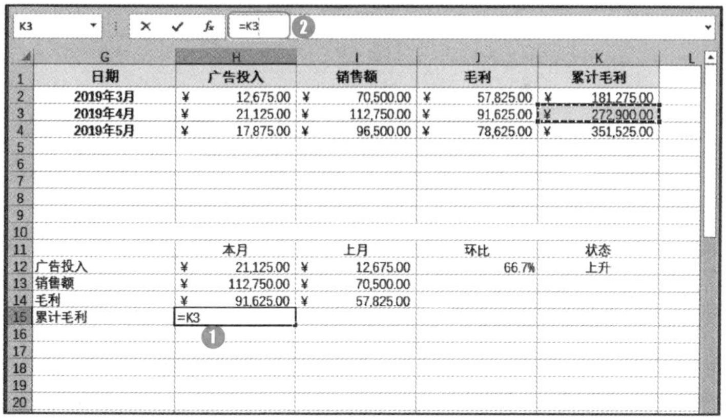

第 10 步：选择 I15 单元格，在编辑栏中输入"=K2"，引用上月"累积毛利"数据，如下图所示。

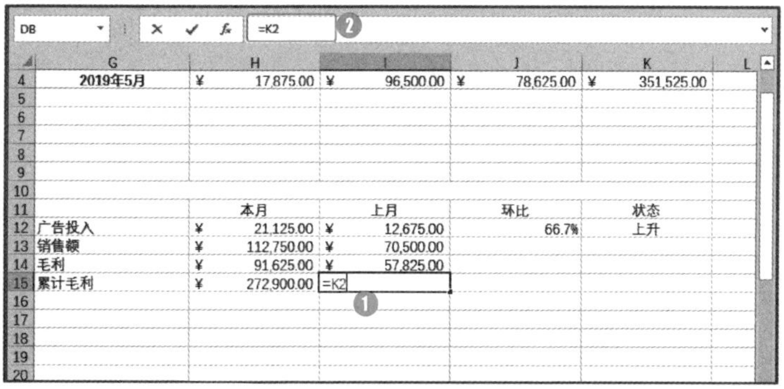

第 11 步：选择 J12:K12 单元格区域，将鼠标指针移到区域右下角，当鼠标指针变成＋形状时，拖动填充公式到第 15 行，自动计算出"广告投入""销售额""毛利"和"累积毛利"的"环比"数据和"状态"数据，如下图所示。

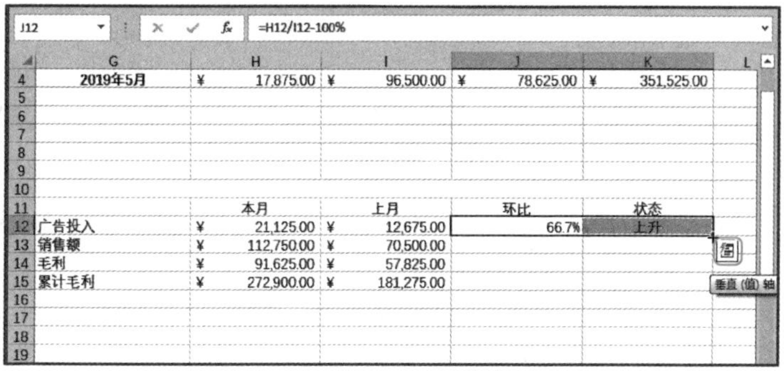

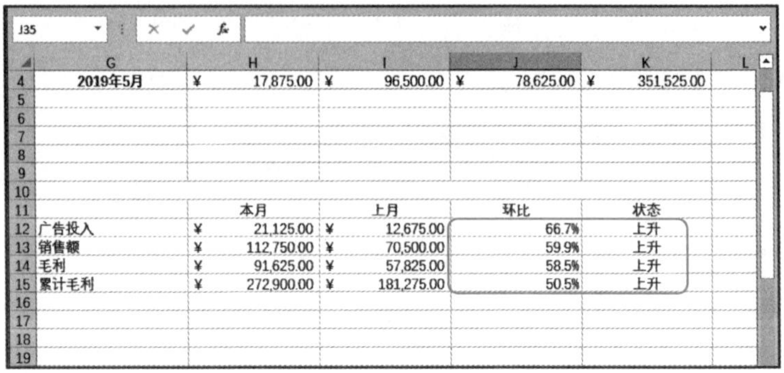

3. 制作数据分析报告转换区

第 1 步：在表格中输入数据分析报告转换区架构数据，并对 I21 单元格中的表头数据加粗，如下图所示。

第 2 步：选择 H22:H25 单元格区域，在编辑栏中输入"=H12"，自动引用"本月广告投入""销售额""毛利"和"累积毛利"的本月数据，如下图所示。

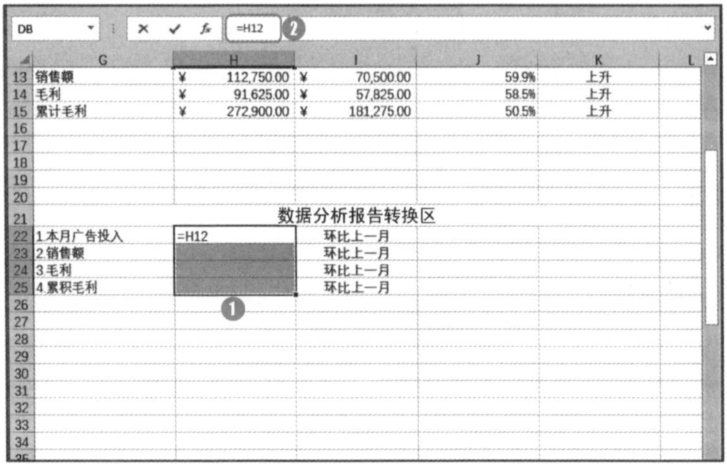

第 3 步：选择 J22:J25 单元格区域，在编辑栏中输入"=K12"，自动引用"本月广告投入""销售额""毛利"和"累积毛利"的环比状态评估结果，如下图所示。

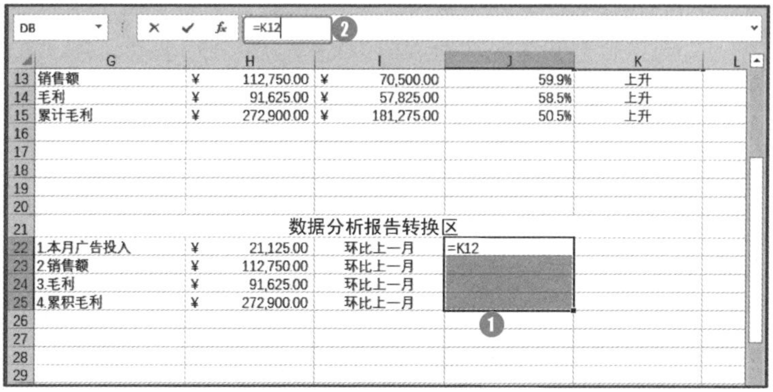

第 4 步：选择 K22:K25 单元格区域，在编辑栏中输入"=J12"，自动引用"本月广告投入""销售额""毛利"和"累积毛利"的"环比"数据，如下图所示。

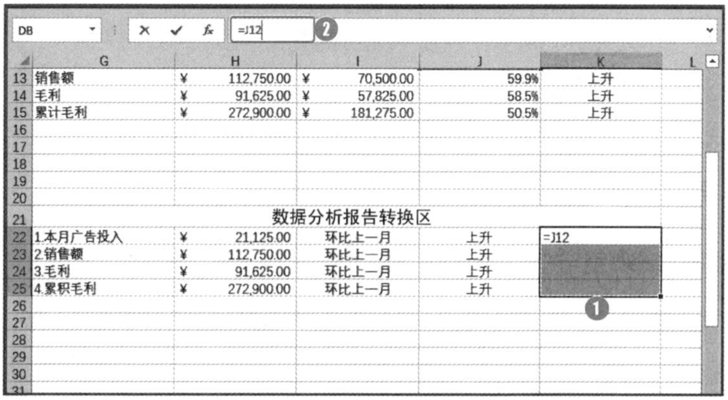

4．制作动态标题区

在 G31 单元格中输入"动态标题区"并设置字体格式和合并单元格，然后选择 G32:G35 单元格区域，在编辑栏中输入函数"=CONCATENATE(G22,H22,I22,J22,TEXT(K22,"#.#%"))"，按〈Ctrl+Enter〉组合件确认并获取动态标题项数据，如下图所示。

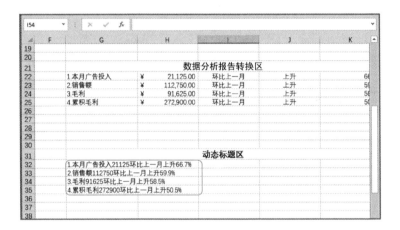

CONCATENATE 函数的使用方法

CONCATENATE 将两个或多个文本字符串联为一个字符串，本例中它将 G22、H22、I22、J22、K22 单元格中的数据以字符串的方式串联成一个动态字符串，实现动态标题项的目的。其中 "TEXT(K22,"#.#%")" 表示保持 K22 单元格百分数的样式显示。

5. 制作动态数据分析报告图表

第 1 步：新建一张数据分析报告表格，制作和设置表头为"毛利报告"，如下图所示。

第 2 步：选择 A2 单元格，在编辑栏中输入引用第 1 个动态标题项的公式"=投入与毛利明细数据!G32"，如下图所示。

第 3 步：插入空白图表，并在其上单击鼠标右键，在弹出的快捷菜单中选择"选择数据"命令，打开"选择数据源"对话框，如下图所示。

第 4 步：更改"图表数据区域"引用单元格为"=投入与毛利明细数据!$G$1:$H$4",单击"确定"按钮,获取广告投入动态数据源,如下图所示。

第 5 步：设置图表样式并添加数据标签,如下图所示。

第 6 步：选择 A21 单元格,在编辑栏中输入引用第 2 个动态标题项的公式"=投入与毛利明细数据!G33",如下图所示。

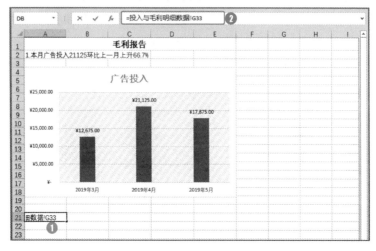

第 7 步：重复第 3～5 步操作，创建并设置动态的销售额图表，如下图所示。

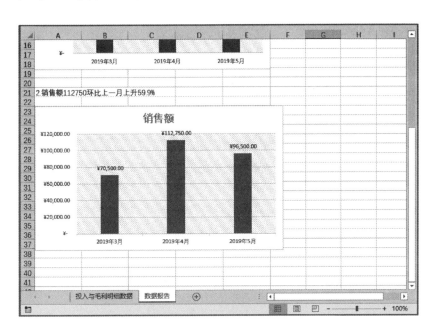

第 8 步：选择 A40 单元格，在编辑栏中输入引用第 3 个动态标题项的公式
"=投入与毛利明细数据!G34"，如下图所示。

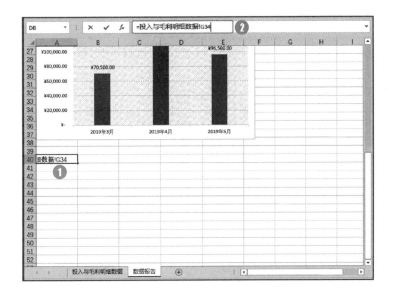

第 9 步：重复第 3～5 步操作，创建并设置动态的毛利图表，如下图所示。

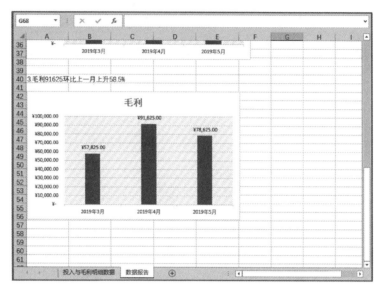

第 10 步：选择 A58 单元格，在编辑栏中输入引用第 4 个动态标题项的公式 "=投入与毛利明细数据!G35"，如下图所示。

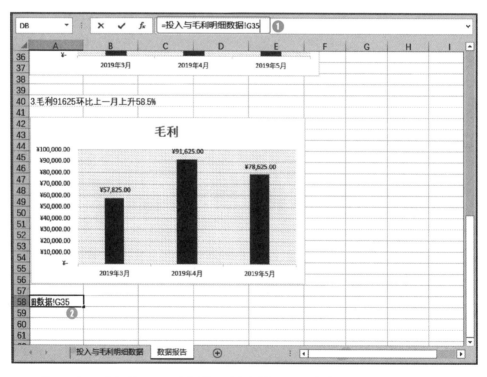

第 11 步：重复第 3～5 步操作，创建并设置动态的累计毛利图表，如下图

所示。

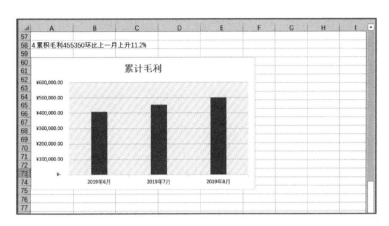

第 12 步：绘制组合框控件，打开"设置控件格式"对话框，设置引用参数（引用"投入与毛利明细数据"表格中的 A3:A13、L1 单元格），然后单击"确定"按钮，如下图所示。

第 13 步：选择组合框选项，数据分析报告自动切换数据，如下图所示。

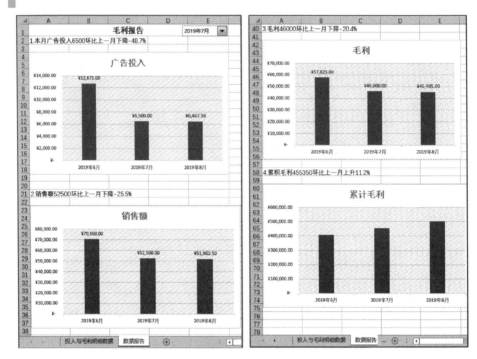

此时，切换到"投入与毛利明细数据"表格中可以看到在此手动制作的动态数据区域随即发生对应的变化，如下图所示。

	G	H	I	J	K	L
1	日期	广告投入	销售额	毛利	累计毛利	
2	2019年6月	¥ 12,675.00	¥ 70,500.00	¥ 57,825.00	¥ 409,350.00	
3	2019年7月	¥ 6,500.00	¥ 52,500.00	¥ 46,000.00	¥ 455,350.00	
4	2019年8月	¥ 6,467.50	¥ 51,962.50	¥ 45,495.00	¥ 500,845.00	
5						
6						
7						
8						
9						
10						
11		本月	上月	环比	状态	
12	广告投入	¥ 6,500.00	¥ 12,675.00	-48.7%	下降	
13	销售额	¥ 52,500.00	¥ 70,500.00	-25.5%	下降	
14	毛利	¥ 46,000.00	¥ 57,825.00	-20.4%	下降	
15	累计毛利	¥ 455,350.00	¥ 409,350.00	11.2%	上升	
16						
17						
18						
19						
20						
21			数据报告转换区			
22	1.本月广告投入	¥ 6,500.00	环比上一月	下降	-48.7%	
23	2.销售额	¥ 52,500.00	环比上一月	下降	-25.5%	
24	3.毛利	¥ 46,000.00	环比上一月	下降	-20.4%	
25	4.累积毛利	¥ 455,350.00	环比上一月	上升	11.2%	
26						
27						
28						
29						
30						
31			动态标题区			
32	1.本月广告投入6500环比上一月下降-48.7%					
33	2.销售额52500环比上一月下降-25.5%					
34	3.毛利46000环比上一月下降-20.4%					
35	4.累积毛利455350环比上一月上升11.2%					
37						

投入与毛利明细数据

10.4　打印 Excel 数据分析报告

数据分析报告制作完成后，需要打印并装订之后再递交给企业领导查看。下面将为读者讲解 Excel 数据分析报告的打印方法。

在 Excel 中制作数据分析报告时通常没有考虑到太多页面布局上的问题，如果直接打印，会导致页面分布不均，甚至将其中的图表截断打印，造成阅读困难。

1．统一图表尺寸

选择"毛利报告"工作表中的所有图表，在"格式"选项卡"大小"组中的"宽度"数值框中输入"14 厘米"，按〈Enter〉键确认设置，如下图所示。

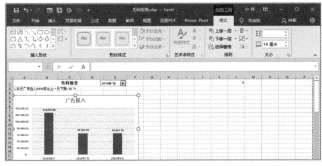

2．设置页面布局

第 1 步：在"页面布局"选项卡的"页面设置"组中单击"页边距"下拉按钮，在下拉选项中选择"自定义边距"选项，打开"页面设置"对话框，如下左图所示。

第 2 步：在"居中方式"栏下选中"水平"复选框，单击"确定"按钮确认设置，如下右图所示。

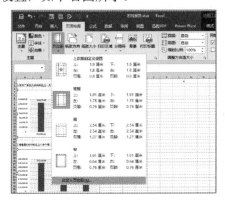
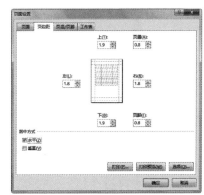

第 3 步：在"页面布局"选项卡的"调整为合适大小"组中将"缩放比例"设置为"120%"，如下图所示。

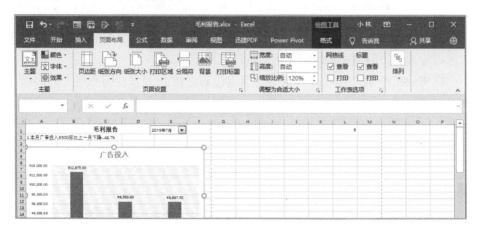

3．调整分页线

第 1 步：在"视图"选项卡中单击"分页预览"按钮进入分页预览视图，如下左图所示。

第 2 步：拖动蓝色框线，将工作表中的内容分成两页，每页含两个图表，如下右图所示。

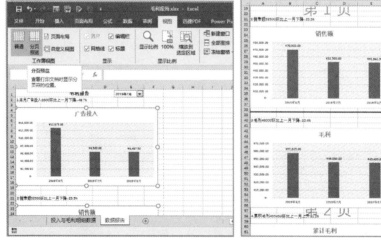

4．打印报告

按〈Ctrl+P〉组合键进入打印页面，选择打印机后单击"打印"按钮打印文件，如下图所示。

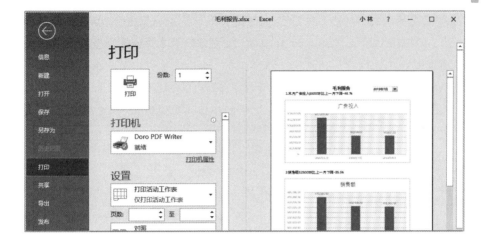